청정환경기술

하이브리드 스크러버

Hybrid Scrubber

고재철 · 송현옥 · 신강석 공저

도서출판 GS인터비전

서 문

Kenneth C. Shifftner씨를 처음 만난 것은 1995년 봄 처음 한국에 오셨을 때고, 작은 키 온화한 미소 그리고 모든 물음에 거침없는 대답과 명쾌한 설명들은 시원한 한줄기 생명수였다.

현장 경험 없이 쓰여 진 많은 책들과 비슷비슷한 내용들로 채워진 환경 관련 서적에 많이 식상해 있던 차에 Kenneth C. Schifftner씨와 함께 수십 년의 경험을 고스란히 기록하고자 하였다.

물을 사용한 가스세정기술의 설계와 응용에 관하여 읽기 쉽고 이해하기 쉬운 기술서적을 만드는 것이 목적이었다. 공장 설계자, 환경 설계자, 규정 제정자 및 기타 대기오염 문제를 연구하거나 해결 하고자하는 사람들의 유용한 참고서가 되기를 희망한다.

지난 십여 년 동안 산업 현장에서 일어난 엄청난 변화들을 반영하여 각 장의 내용을 정리하였고 다중 제거기술을 사용한 새로운 '하이브리드' 스크러버의 내용을 포함한 습식 스크러버의 운전 이론을 추가하고 미세 입자 포집에서 브라운 운동을 이용하는 화이버 필터의 내용을 추가 하였다.

지난 10여 년 동안 규제 법규는 매우 엄격해져서 설계자로 하여금 기존 시설의 성능 개선이나 더 고효율의 신규 장비를 추가하는 방안을 찾도록 요구하고 있다. 수은, 6가 크롬 및 다이옥신 과 같은 특정 오염물질을 제거하는 기술은 지난 10여 년 동안에 모두 '개발완료' 되었다.

본서는 대기오염 방지시설에 관련된 직종에 근무하시는 환경인들에게 작은 도움이 되었으면 하는 바램으로 출판하게 되었으며, 출판에 많은 도움을 주신 '글룹텍엔지니어링(주)' 직원 여러분 및 'GS인터비전' 사장님께 깊은 감사를 드린다.

앞으로도 현장의 애로사항 해결을 위해 더욱 정진할 것이다.

2013년 11월

저자 일동

차 례

1 기초설계

1.1 소개

아주 오래 전부터 스크러버는 산업에 사용되어 왔다. 한 예로, 1836년에 충진재를 사용한 흡수식 스크러버가 특허를 받았다. 약 100년 후인 1935년에 이르러 영국에서 배연가스 중 황산화물(SO_2)를 98% 제거하게 되었다. 입자상의 물질을 제거하는 스크러버는 1901년 특허가 나면서부터 스크러버를 가스와 입자를 제거하는 것으로 인식하게 되었다. 소각장치는 그 자체로 오염물질을 줄이는 훌륭한 장치이지만 법적 환경 규제치 내에서 오염물질을 배출시키기 위해서는 스크러버를 추가로 설치해야 한다. 그림 1.1은 미국 디티로이트(Detroit)시가 운영하는 소각 장치 중 습식 스크러버 장치의 굴뚝이다. 날씨가 추울 때에는 굴뚝에서 흰색으로 보이는 백연이 발생한다.

1.1.1 스크러버 설계 입력 자료

대기오염방지시설을 설계하는 엔지니어는 그 시설을 설치하고자 하는 공장의 공정(Process)과 오염방지에 사용될 특정장치에 대한 충분한 지식을 갖추어야 한다. 방지시설업체의 명성과는 무관하게, 방지시설의 설계는 몇 가지 기본 계산식으로부터 시삭한나. 이러힌 계산식들을 사용하여 처리 가스량에 대하여 세정량, 압력손실, 액적 제거, 증발량, 장치관련 자료 등을 구한다.

기본설계를 위해 다음의 두 가지를 결정해야 한다.

(1) 유입가스 조건	(2) 오염물질 특성

(1) 유입가스 조건

공기의 상태도(Psychromatic Data)를 사용하여 유입가스의 조건을 구한다.

- 포화 상태에서의 가스량
- 스크러버 출구 온도

그림 1.1 겨울철 스크러버 백연 현상

- 스크러버 출구가스 밀도와 압력
- 증발량
- 출구 엔탈피

(2) 오염물질 특성

가스와 입자자료를 종합하여 오염물질의 다음 특성치를 구한다.

- 입자크기 분포
- 압력손실
- 인입농도
- 요구효율

- 각 오염가스들의 분압
- 냉각효과(현열)
- 발열이나 흡열반응의 효과
- 마모 특성

대기오염방지시설(스크러버)이 필요한 사용자는 설계자에게 다음의 자료를 제공하여 계산을 하도록 하여야 한다.

- 인입가스의 유량, 온도, 습도 및 압력
- 최대입자 및 가스부하
- 평균입자 및 가스부하
- 인입 세정수
- 입자크기 분포
- 최종 오염물질의 처리방안

앞에서 언급된 자료는 굴뚝에서 측정을 하던지 또는 징후추정시험에 의하여 구할 수 있다. 징후추정시험은 정확한 값을 얻기 위하여 수행하지는 않는다. 징후추정시험은 문제의 해결을 위하여 설계자가 필요로 한 다양한 자료를 만들기 위하여 설계된 시스템 시험을 통하여 설계 자료를 추출하는 것이다. 입자 크기 분포도 분석, 굴뚝이나 배출구의 사진, 계의 물질수지(Material Balance)와 같은 것이 포함된다.

오염물질의 최종처리방법에 대하여도 설계초기부터 자세히 검토되어야만 한다. 만일 오염 물질을 하수도에 버리려한다면, 국내환경법을 조사하여 허용농도의 한계, 첨가제기준, 또는 기타 제약사항 등을 알아보아야 하며, 폐수로 처리한다면 생산 공정을 조사하여 세정공정에서 재사용될 수 있는지 고려하도록 한다. 공장 한쪽의 알칼리 라인에 산성인 스크러버 세정수를 섞거나 용수처리 시설의 특정장소에서 스크러버에 물을 보충하는 방법 등도 고려해 본다. 수 처리 공정이 없으면 스크러버만을 위한 별도의 수 처리 시설을 놓는 것이 매우 어렵기 때문에 이 스크러버 시설의 설치에 대해서 다시 한 번 고려해야 한다.

대부분의 회사에서는 자체적으로 이러한 자료를 보유하고 있다. 그렇지 않은 회사는 이러한 자료나 기술을 제공할 수 있는 측정업체나 설계업체에 자문을

의뢰하면 된다. 측정업체 또는 설계업체에서는 문제를 해결할 수 있는 최신의 여러 기술들을 파악하여 제공한다.

이러한 초기의 입력값을 사용하여 설계자는 공정에서 발생하는 가스의 조건을 계산하며, 특정 습도와 포화온도를 결정하기 위하여 공기상태도를 이용한다. 이러한 상태도는 온도, 배출 습도, 배출 엔탈피 등과 같은 포화 상태의 가스 조건을 나타낸다.

1.3 단원에서는 많은 스크러버의 응용문제와 이러한 것을 해결할 수 있는 기본적인 계산을 다루었다. 방지시설사업자로 부터 이러한 응용분야에서 이용되는 많은 정보를 얻을 수 있다. 그러나 방지시설사업자의 목표는 이러한 시설을 팔고 이윤을 발생시키는 것임을 명심하여야 한다. 어떠한 해결방법이 다른 문제를 야기하는 경우가 있다. 방지시설사업자는 이러한 문제를 해결하는 방법 또한 여러 가지가 있을 수 있음을 알아야 한다. 가장 좋은 방법은 이러한 부분적인 문제를 해결하는 데 안전하고 확실한 방법을 선택하는 것이다.

다음 단원에서 설명하는 이용 가능한 익숙하지 않은 방지시설에 대하여 각각의 특성과 한계, 세부적인 설계 부분 등을 참고로 하여 어떤 응용분야에서 이용 가능한 스크러버의 종류를 선택할 수 있다.

1.2 스크러버 형태

스크러버의 목적은 크게 두 가지로 나눈다. 입자상 물질의 제거와 가스상 오염물질의 제거이다. 입자상 물질의 제거는 공기 중에 부유하는 입자들이 관성력 또는 정전기력에 의하여 이루어진다. 가스상 오염물질의 제거장치는 액적과 가스의 접촉면적을 최대한으로 함으로써 가스상의 오염물질이 세정수에 흡수되는 원리를 이용한다. 압력손실과 같은 물리적 힘의 효과는 보통 가스흡수에서는 크게 작용하지 못한다. 반면에 입자상 오염물질 제거에서는 그 효과가 최대로 나타난다.

이러한 2가지 영역에 대하여 각각 논하여 보자. (스크러버에서는 설계 또는 우연에 의하여 흡수와 동시에 입자포집이 일어난다.)

1.2.1 입자상 물질의 제거

입자상 물질의 제거에는 가스 기류 내에서 오염물질 입자의 관성력에 의존한다. 정전기력도 또한 작용하지만 관성력에 비하여 크게 작용하지는 않는다. 입자상 물질의 제거에는 다음의 3가지 원리에 의한다.

(1) 충돌	(2) 차단	(3) 확산

1.3장에서 이와 관련된 장비의 설계에 대하여 설명할 것이다. 이번 장에서는 기존 방지시설에서 운전 중에 발생되는 현상의 이해를 위하여 용어를 정의하고자 한다.

(1) 충돌(Impaction)

충돌이란 입자상의 물질을 제거하는 가장 일반적인 방법이다. 오염물질을 가속시켜서 물방울에 충돌시키는 방법으로 입자의 운동에너지가 물방울의 표면 장력을 관통하여 물방울이 입자를 감싸게 된다. 또한 이것은 밀도를 증가시킴으로써 좀 더 많은 관성력을 가지게 되어 쉽게 분리가 된다. 어떠한 방지기기는 입자를 액막에 직접 가속시킨다. 분사식 스크러버와 벤츄리스크러버는 입자가 물방울의 표면에 충돌하는 것을 이용한다. 다음 장에서 설명되는 것처럼 설계자는 이러한 충돌이 잘 일어나도록 하기 위한 환경을 제공하여 충돌하는 확률을 증가 시켜야 한다.

(2) 차단(Interception)

직접적으로 충돌에 의해 포집 되지 않는 입자는 차단에 의해 포집 될 수 있다. 입자는 액적과 90° 보다 훨씬 작은 각도에서 만나지만 입자는 액체에 함축될 만큼의 충분한 에너지를 가지고 있다. 차단은 액적밀도와 관련되며, 액적의 밀도가 증가 할수록 직접차단의 기회는 많아지게 된다. 분사식 스크러버와 높은 에너지소모의 벤츄리 스크러버와 같은 장치에서는 차단에 의한 효과를 높이기 위하여 액적을 고밀도의 작은 물방울로 만든다. 차단은 1㎛ 이하 입자의 포집에 큰 효과를 가진다. 가스의 흐름을 따라가는 입자들의 운동 에너지는 충돌을 일으킬 만큼 크지는 않지만 그들의 작은 크기와 무질서한 운동형태에 의해 차단을 일으켜 포집될 수 있다.

(3) 확산(Diffusion)

확산이란 정전기력이 대두되기 시작하는 0.5㎛이하의 입자상 물질에서 가장 현저한 현상이다. 이러한 미세한 입자상의 물질들은 분사되는 세정수로 인하여 불규칙한 가스밀도와 난류상태로 가스흐름을 따라서 스크러버로 들어온다. 확산 운동에 의하여 이 미세한 물질들은 포집용 세정액과 오염물질 사이의 매우 적은 에너지 차에 의하여 액적과 접촉하게 된다.

확산을 증가시키기 위하여, 설계자는 집진 부분(벤츄리의 목, 충돌지역, 충돌식 트레이 등)에서 충분히 이러한 운동이 일어나도록 적당한 체류시간을 주어야만 한다.

확산은 세정수와 가스의 온도차가 클 경우 뚜렷이 나타나고, 증발이 가속될수록 밀도가 변하는 부분을 증가시켜서 입자는 밀도가 큰 부분에서 작은 부분으로 이동한다. 분자 간 확산이 증가할 때, 이를 확산 현상이라고 한다. 이러한 현상은 다른 증발의 변화나 또는 세정수의 농도가 급격히 변할 때 나타나며, 이는 매우 작은 입자(0.05 ㎛ 이하)에만 적용할 수 있다. 뜨거운 건조 가스가 미세 입자를 운반할 때 확산에 의한 집진 원리는 분사식 퀀쳐(QUENCHER)등에 적용이 가능하다. 이것은 흐름 내에 습도를 올려서 작은 입자가 액적에 포집되게 한다. 이와 관련된 현상으로 열확산이라는 것이 있다. 여기에서는 가스 분자 간 온도차(즉, 에너지 준위)가 입자를 에너지가 낮은(더 찬쪽)방향으로 움직이게 한다.

많은 스크러버 시스템 설계자는 이러한 효과를 증가시키고자 찬 보충수를 퀜쳐에 분사시킨다. 순환되는 따뜻한 물은 단지 일정하게 포화상태가 된 부분에만 사용한다. 열확산과 확산현상의 힘은 스크러버를 설계할 때 실제적이기 보다는 오히려 이론적이라고 생각되지만 그런 힘이 존재하므로 반드시 고려하여야 한다.

1.2.2 흡수

액체를 사용하여 가스를 흡수하는 모든 스크러버는 여러 가지의 기계적인 방법에 의하여 액체의 표면적을 넓게 만든다. 이러한 방법에는 물 분사, 충격식 트레이(Impingement Tray), 버블캡 트레이(Bubble Cap Tray), 시이브 트레이(Sieve Tray), 충진물(모듈과 Dump 형), 그리드(grid)와 그 밖의 혼합된 방식으로 작은 부피 안에서 좀 더 많은 액체표면적을 가지게 하기 위하여 사용된다. 이러한 기술들은 크게 2가지로 나눌 수 있다. 즉, (1) 세정수가 어떤 형태의 물질(충진물, 그물망, 격자 등)을 통하여 흐르도록 하는 방법과 (2) 물방울의 분사가 발생 되도록 하는 방법이다.

첫 번째 방법의 장치는 가스가 세정액의 표면과 접촉하며 충진물 등과 접촉하지 않는다. 두 번째 방법의 장치는 액구의 표면적이 접촉 면적이 된다. 가장 큰 표면적은 가장 작은 크기의 물방울을 가장 많은 개수로 만들어서 주어진 스크러버의 체적을 채울 때 일어난다.

충진물을 사용하여 스크러버를 설계할 때는 충진물 공급자가 제공하는 설계자료에 의한다. "충진 계수"라는 어떤 특정 충진물에 대한 주어진 교환 표면적의 능력을 나타내는 수치를 공급자가 경험적으로 구하여 제공된다. 단위 체적당 높은 교환 표면적을 얻을 수 있는 충진물은 보통 1인치 이하의 크기이거나 다공성의 충진물 이다. 만일 충진물과 단지 접촉하지 않도록 함으로써 접촉 표면적을 늘이고자 한다면 작은 크기의 충진물을 선택하여 충진물의 절대 접촉표면적을 줄여야만 한다. 불행하게도, 충진물의 크기가 작아지면 일반적으로 충진물을 통한 압력손실은 충진물 간의 공간이 줄어 듬에 따라 커지게 된다. 소위 "반대이익감소" 문제가 야기된다.

실제 설계자가 지닌 가장 큰 어려움은 압력손실을 최소화 하면서도 충분한 접촉 표면적을 가지는 충진물을 조합하여 선정하는 일이다. 어떠한 충진물을 공급자가 제공하는 기술 자료를 참고하여 선정하고 제거효율과 압력손실을 계산하는 일을 반복하면서 다른 종류의 충진물과 비교하여 가장 적절한 충진물을 정하는 것이다. 특정한 흡수계산에 대하여는 본 책자에서는 논의하지 않는다. 대신 독자에게 참고로 수많은 충진물 공급자에게 가스흡수에 대한 기술 자료를 요청할 것을 추천하고자 한다.

다음은 가스 흡수의 설계에 있어서 반드시 고려하여야만 하는 사항이다.

(1) 충진물의 크기가 작으면 작을수록 가스 중에 함유된 먼지를 더 많이 포집할 수 있다(단, 막힘 현상을 야기할 수 있다.).

(2) 충진물의 크기가 크면 클수록 더 많은 양의 물을 적절하게 분무하여야 한다. 작은 크기의 충진물은 좀 더 안정적으로 스크러버 세정액을 골고루 배분시키나 큰 충진물(2-3인치)은 골고루 배분시키기 보다는 오히려 스크러버액이 한쪽으로 쏠리게 (채널링)하는 경향이 있다.

(3) 작은 충진물은 무게가 가벼워서 공기흐름에 의하여 위치가 바뀔 수 있다. 대개 작은 충진물의 경우 이렇게 움직이는 현상을 방지하기 위하여 격자판 등으로 고정시킨다.

(4) 모듈형태의 충진물은 흡수를 위한 두개의 표면적뿐만 아니라 부식물 및 고형 침전물질을 위한 두개의 표면적을 제공한다. 섬유상의 충진물은 휠타의 적층재로 역할을 하지만 고형물질을 내보내지는 않는다.

(5) 모듈형태의 충진물은 먼지류 등이 쌓여서 시간이 지날수록 무게가 무거워진다. 취급 시에 이러한 무게의 증가를 고려하여야 한다.

(6) 먼지의 량이 2~3 gr/scf를 초과하는 경우에는 흡수탑을 사용하여서는 안된다(단, 충진물이 없는 분사형이나 그리드 스크러버는 제외,

(7) 트레이형태의 스크러버는 보수가 가능한 구멍 크기의 다공판 혹은 최소한의 틈새가 있어 주어야한다. 먼지들이 쉽게 작은 구멍(3/16 또는 9/32 인치 직경)들을 막을 수 있기 때문이다.

(8) 소위 밸브 트레이라 불리는 움직이는 판 형태의 트레이 경우, 세정액이 스케일을 형성 시키는 곳이나 먼지 등이 끈끈한 성질을 가진 곳에는 일반적으로 사용하지 않는다. 이들은 수용성인 오염물질인 경우에 매우 좋다.

(9) 탈착식 트레이의 경우 트레이 주위로 "새나가는 것"을 방지하기 위하여 확실하게 고정한다. 안전하게 취급할 수 있도록 조각의 크기를 충분히 작게 하여야 한다.

(10) 트레이 형태의 스크러버는 반드시 충진물의 표면적을 통과하는 세정액의 흐름이 일정 하도록 하여야 한다. 건조상태의 압력 손실값과 각 그리드 상부에 있는 정압수두의 값의 합이 전체 압력손실값이 된다. 세정액의 량이 적은 부위가 저항을 적게 받을 것이고 따라서 더 많은 량의 공기가 흐르게 된다. 이런 부위는 점차적으로 더 많은 스케일이 끼게 되어 막히게 될 것이다.

(11) "웨어형 분포장치"는 트레이형 스크러버에 세정액이 골고루 분포되도록 하는데 사용 한다. 마치 댐의 역할을 하여 일정한 수두를 유지시킨다.

(12) 트레이형 스크러버의 전단 분사장치는 반드시 훌콘(Full Cone)형의 노즐을 사용하여 분사면적이 서로 겹치도록 한다.

(13) 충진물을 사용한 스크러버에서 분사형 분포장치는 설계된 분사모양이 나오기에 충분한 정도로만 압력을 유지 시키도록 한다. 과다한 압력은 충진물을 파헤칠 수도 있다.

(14) 평판형의 그리드와 반대로 분무형 충진물 형태의 지지형 그리드를 가능한 사용하도록 한다. 가스와 액체가 모두 잘 분포될 수 있기 때문이

(15) 적절하게 설계되지 못한 충진물 스크러버에서는 세정액의 양을 늘린다고 해서 좀 더 석되지 않은 세정액을 사용하지 않으면 효율은 증가되지 않는다. 흡수탑은 접촉 표면적을 늘리는 장치일 뿐이다. 세정액의 흐름두께가 두꺼워 진다고 표면적이 커지지는 않기 때문이다. 충진물의 양을 늘리거나, 충진물 계수가 훨씬 좋은 충진물로 교환하는 것이 성능을 향상시키는 방법이다.

(16) 충돌형 충진물(Impingement) 스크러버에서 세정액 량을 늘이는 것은 제거 효율을 여러배 떨어뜨린다. 각각의 캡(Cap), 배플(Baffle Strip)또는 밸브 상부의 물의 무게는 곧 가스가 뚫고 통과해야하는 잠재적 에

너지가 된다. 트레이형 스크러버는 반드시 설계된 세정액량으로 운전하여야 한다.

(17) 흡수장치는 설계보다 더 많은 양의 오염된 가스가 통과하면 효율은 감소한다. 즉, 일반적으로 용량의 변화에 잘 대응하지 못한다. 복수의 장치를 설치할 것을 권한다(분사식과 일부의 트레이형 스크러버는 제외한다. 설계업자에게 최대 및 최소의 풍량을 도록 한다.).

(18) 가스 흡수장치에서 세정액의 회로는 적어도 흡수장치 그 자체만큼이나 중요하다. 오염 물질과 반응하여 생성된 물질은 반드시 제거하여야 하고 필요하다면 반응약품 (Reagent)을 적절한 것으로 교체하여야 한다.

(19) 흡수란 부가적인 공정이 아니다. 즉, 공정 중에서 발생한 염산과 암모니아가스를 별도로 제거시키는 것보다 세정한다는 것은 더욱 어려운 것이다. 일반적으로 여러 단계가 필요하다. 하나는 산기로 형성된 물질의 처리이고 다른 것은 근본적인 물질의 처리이다. 어떤 처리장치에는 산화물을 투입하여 산화처리를 하기도 한다.

(20) 따뜻한 세정수를 사용하는 것이 대부분의 세정장치 효율 면에서 좋다. 항상 용해도 곡선을 확인한다. 수용성 오염물질(염소 같은 것)은 차가운 세정수에서 용해도가 좋다.

(21) 만일 첨가제를 사용한다면 그 첨가제의 분압을 고려하여야 한다. 과다투입하면 첨가물이 오염물질이 될 수 있다.

(22) 침전 가능한 고형물 입자를 처리하는 장치는 외부 침전회수 저장조를 사용한다. 고형물 입자를 스크러버로 순환시키지 말라.

(23) 스크러버를 설계함에 있어서 모든 작동부품에 쉽게 접근할 수 있도록 하는 것은 매 우 훌륭한 투자이다.

분사형 장치(스프레이 타워나 원심력식 스크러버)는 반드시 스프레이 분포가 일정하고 액적의 크기가 적절하여야 한다. 물 공급 헤다(Header)의 압력이 낮아짐에 따라 반대로 액적의 크기가 커지는 효과가 있다. 이러한 장치의 노즐은 대단히 취약적이고 마모가 생기므로 쉽게 접근 할 수 있도록 하여야 한다. 노즐에 물을 공급하는 헤다(Header)들은 "이중 배관“형태로 외부에서 교환이 가능하도록 설계한 것이 운전원이 보수를 위하여 내부에 들어가야만 하는 내부 고정형 보다 월등히 좋다. 노즐이나 헤다용 밸브는 각각 설치하는 것이 바람직하다.

분사형 장치는 경험적으로 세정액에 고형물질이 설계허용치보다 많은 경우 효율이 떨어진다. 고형물질이 대부분의 경우 분무효과를 감소시키고 분무가 빈약하면 액적이 커지고 따라서 단위 체적 당 절대 접촉표면적이 줄어들기 때문이다. 하지만 고형물질은 어느정도 허용될 수 있다. 즉, 이 고형물질이 SO_2흡수장치와 같이 생석회나 석고를 사용하는 경우 어느 정도는 있어야만 한다. 이들이 Header를 깨끗하게 유지하고 재 반응 생성물의 크기를 키우는 응결핵으로 역할이 필요하기 때문이다.

스프레이 타워에는 일반적으로 액적제거장치로 쉐브론(CHEVRON)이나 유사한 기구를 설치한다. 일단 스프레이를 하면 더 작은 크기의 액적은 제거장치가 없으면 쉽게 가스의 흐름을 따라 밖으로 나간다. 때때로 이런 양이 많아서 시이브 트레이(SIEVE TRAY)나 유사한 장치를 사용하여 CHEVRON에서 제거될 수 있는 정도로 액적을 키우기도 한다. CHEVRON은 가스의 진행방향을 바꿈으로서 관성에 의하여 가스 중의 액적을 제거하는 것이다. 수직흐름인 경우 표면 속도는 4.5m/Sec, 수평흐름인 경우 6m/Sec가 일반적으로 CHEVRON의 크기를 정하는데 사용된다.

상기이외에도 흡수장치에 대한 여러 가지 사항이 있지만 가장 강조하고자 하는 것은 형태에 관계없이 효율이 좋은 대부분의 장치는 주어진 스크러버 체적내에서 가장 많은 기액 접촉 표면직, 가장 낮은 압력손실로 제공하는 것이다. 또한 흡수장치로 가스를 보내기 전에 반드시 입자상 물질을 제거하여야 한다는 점이다.

1.2.3 스크러버에서의 속도

다양한 스크러버를 설계하고자 할 경우에는 특성한 속노한세 값 내에서 하여야 할 필요가 있다.

너무 속도가 낮으면 접촉/난류형성이 적어서 불충분한 흡수반응과 빈약한 입자제거의 결과를 초래한다. 너무 높으면 물의 범람(FLOODING), 동반배출

(CARRY-OVER) 및 다른 역기능을 초래한다. 스크러버에서의 속도는 대부분 특허에 의한 재산권에 속한다. 따라서 표 1.1에는 1.3.9 장에서 상세히 설명하는 계산상의 참고자료로 유용한 일반적인 속도 값을 나타낸다.

표 1.1 일반적인 스크러버에서의 속도값

항목	속도	비고
인입속도	50~60 ft/sec	
목부위 속도	90~400 ft/sec	벤츄리 스크러버
접선속도	90~120 ft/sec	분리장치의 원심력 스크러버
Chevron 표면 속도	550~850 ft/sec	수직흐름
Chevron 표면 속도	900~1200 ft/sec	수평흐름
굴뚝에서의 속도	30 ft/sec	포화온도 155~180℉
	40 ft/sec	포화온도 125~155℉
Spin Vane Separator 속도	1400~1600 ft/sec	개구면 또는 날개제 외 면적
Cyclonic Separator 속도	8~10 ft/sec	9ft Dia 까지, 수직형
	10~12 ft/sec	9~14 ft Dia까지, 수직형
Spray Tower 속도	10 ft/sec	수직형
재비산 점	3.6 m/sec	이점에서 1 micron 이하는 상승, 낙하 않음
Packed Tower 속도	2~6 ft/sec	수직흐름
	4~8 ft/sec	수평흐름
Mesh Pad 표면 속도	850 ft/min	
Drain 속도(액체)	1~3 ft/sec	
Header 속도	6~10 ft/sec	
Quencher 속도	50 ft/sec	수압 분무
	55~60 ft/sec	공기압 분무

1.3 기본 계산식

1.3.1 가스법칙의 이용

습식 스크러버는 대부분 화학적 기능을 수행하는 기계적인 장치이다. 이들은 물리적 힘을 이용하여 분진을 제거하고 화학적 반응과 더불어 기계적인 힘을 통하여 가스를 세정한다.

크기에 상관없이 모든 스크러버의 설계는 몇 가지 단순한 계산으로 시작한다. 이런 장치들은 오염물질의 가스와 액체의 흐름 특성에 따라서 물리적으로 크기를 정한다. 따라서 정확한 처리 가스의 체적량이 필요하다. 대부분의 경우 이 장치에서 물이 증발하기 때문에 소요 증발량을 알아야 한다. 휀이나 기타 동력장치를 사용하여야 하므로 배출가스의 체적량은 반드시 알아야 한다. 대부분 대기 중으로 방출되므로 굴뚝에서의 가스 조건을 알아야 한다. 이와 같은 계산은 보통 이상 기체 방정식을 사용한다.

스크러버의 체적을 결정하는 데는 신비스러운 것은 하나도 없다. 그럼 일반적인 인입조건에서의 몇 가지 기본 설계 인자를 계산하여 보자.

인입 가스량	10,000 acfm
온도	300°F
수분량	20%
배출 가스량	모름
온도	모름
수분량	모름

가스에 포함된 건공기와 수분량의 질량을 구함으로써 가스의 조건들을 계산한다. 공기의 분자량은 약 29 그리고 물은 18로 한다. 이런 목적을 위해 70°F의 조건에서 계산하면lb-mol 값은 385 ft^3 가 된다. 이 혼합가스를 이상기체로 취급하면 이상기체방정식에 의하여 다음과 같이 인입가스의 건공기량을 계산한다.

wherein

$$(V)\frac{29}{385}\frac{(460+T_{70})}{(460+T_{in})}\left(1-\frac{(\% \quad water\ vapor)}{100}\right)= lb/min = m_g \text{ 건가스}$$

$$(V)\ \frac{29}{385}\frac{(460+T_{70})}{(460+T_{in})}\left(1-\frac{(\% \quad water\ vapor)}{100}\right)= lb/min = m_v \text{ 수분량}$$

V = 인입가스량(acfm, actual cubic feet per min*pute*),

T_7 = 70 °F

T_{in} = 인입온도(°F)

% water vapor = 인입가스중의 수분량 체적비 %

상기의 식으로 계산하면

$$(10{,}000)\frac{29}{385}\frac{(460+70)}{(460+300)}(1-0.20) = 420.2\ lb/min \text{ 건가스 } = m_g$$

$$(10{,}000)\frac{18}{385}\frac{(460+70)}{(460+300)}(0.20) = 65.21\ lb/min \text{ 수분량 } = m_v$$

1.3.2 공기선도표의 이용

Zimmerman 박사에 의하여 정리된 공기선도표는 가스온도와 습도에 따른 관계를 그림으로 나타낸다. 여기서 습도(H)는 가스의 포화량을 나타낸다. 하나의 예로 이 값은 다음과 같이 계산된다.

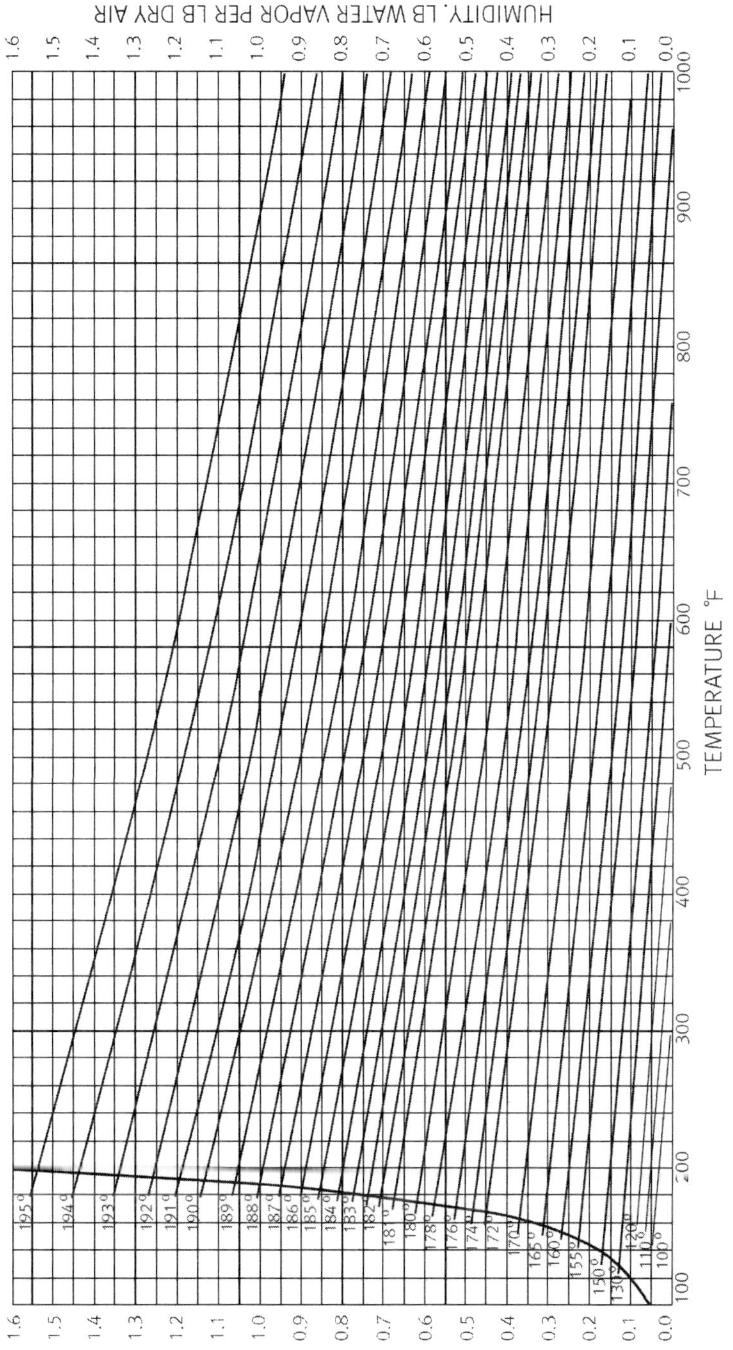

그림 1.2 고온용 공기선도

$$H = \frac{m_v}{m_g} = \frac{\text{lb/min water vapor}}{\text{lb/min dry gas}}$$

주어진 예제에서

$$H = \frac{65.21}{420.2} = 0.155\frac{\text{lb}}{\text{lb}}$$

그림 1.2에서 보여주는 공기선도표에서 세로축은 습도를 가로축은 가스의 온도를 나타낸다.

1.3.3 단열 포화온도와 습도

건조가스 또는 부분적으로 건조가스가 정미 열전달(Net Transfer f Heat)없이 기상의 액체를 흡수하는 경우, 이 과정을 단열 포화라 한다. 거의 모든 스크러버는 단열포화에 의하여 가스의 온도를 떨어뜨리고 가스 중의 수증기량을 증가시킨다. 단열과정들은 정미열전달이 없다. (참고로, 차가운 세정액을 사용하여 냉각하는 것은 현열 냉각이라 부른다. 왜냐하면 세정액이 평형상태에 도달 할 때까지 가스와 수증기상의 현열을 흡수하기 때문이다.)

따라서 가스 흐름에 수증기가 첨가됨에 따라 스크러버의 총 에너지는 불변인 가운데 온도가 점차로 감소하고 수증기의 함량이 점차적으로 늘어나는 단열 포화선도를 따른다. 전 단원 1.3.2의 예제를 이용하여 횡좌표 상에서 인입온도 300°F을 찾고 수직선을 따라 H 값(0.155)의 선과 만나는 점까지 위로 올라가보자. 만일 100% 포화곡선 쪽으로 단열 포화선을 따라가면 이 특정의 혼합 가스는 148°F가 포화온도 임을 알 수 있다.

이것은 세정액을 이 장치로 적절하게 혼합하여 투입하면 포화가 일어나는 경우에는 출구의 온도를 148°F로 만들 수 있다는 것을 의미한다. 부분적으로 포화가 일어날 경우에는 이 점보다 높은 온도가 된다. 실제는 세정액을 통하거나 또는 장치로부터 그 주변으로 현열 냉각이 이루어져서 이 온도 보다는 더 낮게 된다.

표 1.2 약 1기압 하에서의 포화된 공기-물 혼합물의 체적

온 도 °F	포 화 체 적 ft^3/lb 건공기
50	12.95
60	13.30
70	13.65
80	14.10
90	14.55
100	15.05
110	15.75
120	16.55
130	17.55
140	18.85
150	20.90

그러나 체적은 얼마이고 증발된 물의 양은 얼마만큼 인가? 표 1.2에는 148°F 온도에서 인입 건조공기 1파운드당 20.49 ft^3 의 포화 혼합물을 생성하는 것을 나타낸다.

따라서 만일 인입 건조가스의 질량을 m_g또는 420.2 lb/min 으로 하면 20.49 를 곱하여서 출구가스의 체적을 얻을 수 있다.

$$(m_g)\ (V_m) = \text{포화상태 체적(acfm)}$$

$$V_m = \text{포화혼합물의 비체적}$$

$$m_g = \text{건조가스량}$$

$$(420.2)(20.49) = 8610\ \text{acfm}$$

그림 1.2 에서 포화습도를 148°F의 건조공기 lb당 수증기량 0.2lb를 구한다. 출구 측의 수증기량을 구하기 위하여 입구 측의 건공기량에 포화습도를 곱한다.

$$(420.2)(0.20) = 84.04\ \text{lb/min 수증기}$$

입구에서 수증기량은 66.24 lb/min 이었다. 그 차가 증발량이 된다.

84.04 = 출구　수증기 량

\- 65.21 = 입구　수증기 량

18.83　lb/min　증발량

따라서 포화상태에 도달하기 위해서는 18.83 lb/min 수분을 효과적으로 증발시켜야만 한다. 만일 이만큼의 양을 증발시키지 못한다면 가스는 포화가 되지 않고 결국 출구온도는 148°F보다 높아지게 된다.

이러한 data에서 더 많은 것을 얻을 수 있다. 다시 그림 1.2를 보자. 어떤 주어진 입구 수분량에 대하여, 입구 습도가 높을수록 포화온도는 더 높아진다. 300°F의 가스가 입구 습도가 증가됨에 따라 어떻게 되는가를 보자. 만일 체적비 20%의 수증기 (H=0.155)에서 40% (H=0.4138)로 수증기량이 증가하면 포화온도는 148°F에서 172°F로 급증한다.

설계자는 중요한 특성을 나타내는 인입가스의 상태를 잘 살펴야 한다. 스크러버의 효과와 함께 이러한 조건들의 일부를 아래에 정리하였다. 이러한 데이터들은 산업용 배기장치로 불리는 배기 설계에도 유용하게 사용된다.

(1) 높은 입구 습도는 출구의 포화온도를 높게 한다. 그리고 동일한 인입 가스량에 대하여 용기(스크러버의 통)의 크기를 크게 한다.

(2) 입구의 습도가 낮은데서 높은 곳으로 변하는 경우에는 가변형(조절형) 스크러버를 사용하여야 하는 경우가 종종 있다.

(3) 건조기와 같이 높은 포화온도를 발생시키는 장치에서는 더 많은 량의 수증기를 배출한다. 따라서 비산(물방울의 동반배출)현상이 예견된다.

(4) 습도가 높은 인입가스는 대기로 배출될 경우 진한 백연현상이 발생한다.

(5) 습도가 낮은 인입가스는 급격하게 포화된다. 따라서 스크러버의 효율을 증가시킨 다.

(6) 습도가 낮은 인입가스의 흐름에서는 일반적으로 증발손실이 더 많다. 따라서 액체의 일부가 증발되므로 액가스비(L/G Ratio)를 약간 더 높게 한다.

(7) 습도가 낮은 인입가스를 처리하는 장치는 보충수(증발량의 보충)를 스크러버의 일부에 공급하는 것이 좋다. (벤츄리의 목부, 사이크론 장치의 사이크론부 등)

(8) 습도가 높은 인입가스를 처리하는 스크러버에서는 차가운 세정수를 사용하는 것이 좋다. (응축 스크러버)

(9) 높은 온도, 낮은 습도의 경우는 설계하기가 가장 쉽다. 높은 습도, 낮은 온도의 장치를 설계하기는 대부분 어렵다.

(10) 높은 습도 장치들은 때때로 희석공기를 유입하여 인입가스의 조건을 "알맞게" 만드는 것이 좋다.

(11) "최악의 장치"는 어떠한 공정이냐가 아니고 온도와 습도가 극한 조건 사이에서 변화되는 것이다.

1.3.4 압력과 높이의 보정계수

앞에서 보여준 계산은 대기압 하에서의 공기에 대한 것이었다.

대부분의 장치들은 대기조건과는 다른 상태에서 운전된다. 따라서 보정을 하여야만 한다.

가스의 밀도는 장치의 설치 위치가 높아진다거나 압력이 약해지면 낮아진다. 공기상태도 들은 다양한 기압 하에서 100% 포화곡선들을 나타낸다. 이미 설명한 절차와 같다. 그러나 연관되는 100% 포화곡선이 사용된다.

인입가스가 압력이 낮다면 인입가스의 체적을 일반적으로 다음계산을 하기 전에 우선 보정한다. 스크러버 입구의 흡입은 기체의 밀도를 감소시키고 이것은 반대로 그 외관체적을 증가 시키게 된다. 만일 스크러버의 후단에 유입 송풍기가 설치되어 있다면 스크러버에 도달되면 약 1000 cfm정도의 외관 체적이 증가될 것이다. 대기압은 대략적으로 407 in.w.c.이므로 보정계수(factor)를 사용하여 외관체적을 간단히 구할 수 있다.

$$K = \frac{407}{407 - \text{입구} \quad \text{흡입압}} \text{(in. w.c)}$$

$$\text{보정체적} = V \times K$$

반대로 입구압력은 외관체적을 감소시킨다.

$$K = \frac{407}{40 + \text{입구압력}} \text{(in. w.c.)}$$

설치높이에 따른 보정도 이와 유사하다. 해수면에서의 기압을 측정하고 공장에서 기압을 단순히 나눈다. 이 계수를 곱하여 해수면에서의 가스 체적은 대기압이 감소됨에 따라 "증가된 체적"이 된다.

스크러버에서 주어진 위치에서 체적을 알고 있을 때, 압력손실을 계산할 수 있다. 스크러버 제조업체는 각 장비별로 정해진 속도가 있으며 이것 중 일부는 비밀이다. 하지만 이러한 계산 전에 표 1.1에 나타나 있는 것을 가이드로 이용하는 것도 좋을 것이다.

1.3.5 입자의 특성과 제거

입자 입경의 분포도는 스크러버 설계에 있어서 정확한 에너지 소모량을 캐스캐드(CASCADE) 측정기로 측정한다. 그림 1.3은 이러한 장치로 Andersen사 제품이다. 이 장치는 순서적으로 된 충격단을 사용하여 먼지의 크기 분율을 나눈다.

이러한 자료에서 질량에 의한 먼지 분포를 얻는다. 먼지가 극히 많은 샘플인 경우는 그림 1.4에 나타난 바와 같은 Andresen사의 고용량 측정기를 사용한다. 이러한 캐스캐드 측정기는 보통 7-15개의 단으로 이루어지며, 각각의 단에서는 먼지 샘플양이 약 10 ㎎정도로 한정된다. 고용량 측정기는 샘플을 채취할 수 있다. 이러한 장치는 1500°F 이내에서 사용한다. 어떤 캐스캐드 측정기는 0.03 ㎛의 작은 입자도 측정 가능하다.

유체역학적인 입경(μ)	질량비(%)
110	100
40	50
10	20
5	10
1	5

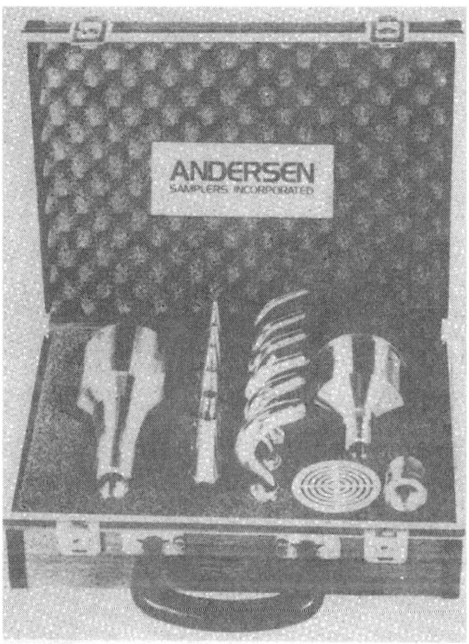

그림 1.3.a Andersen사의 입자크기 측정기

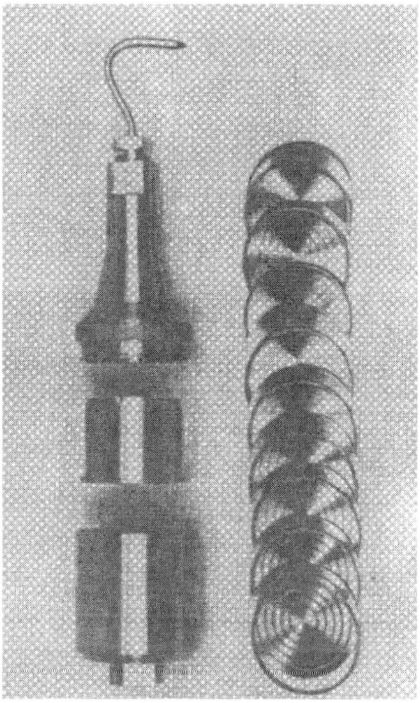

그림 1.3b Andersen사 측정기 내부

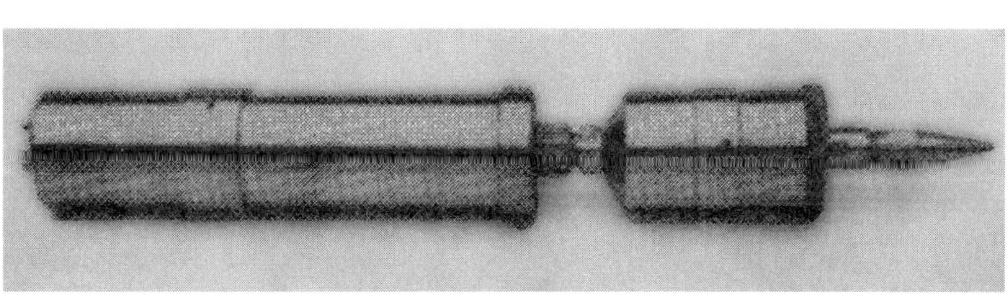

그림 1.4 Andersen사 고용량 입자 측정기

측정데이터에서와 같은 먼지입경의 분포를 얻었다고 가정하여 보자. 위의 자료는 1 ㎛이하의 제거가 어려운 입자가 5%가 포함되어 있으며 95%의 입자는 1 ㎛보다 큰 입경을 가지는 것을 나타낸다.

40-110 ㎛의 입자가 전체의 50%를 차지하며 이러한 입자 대부분은 낮은 에너지의 습식집진 스크러버로 아주 쉽게 제거가 된다. 10-40 ㎛ 범위의 입자가 샘플량의 30%를 차지한다. 5-10 ㎛는 샘플량의 10%, 1-5 ㎛는 샘플량의 5%를 차지한다. 그리고 1 ㎛이하는 5%이다. 각 입경에 따른 스크러버의 효율곡선에서 요구되는 배출조건을 맞추기 위한 스크러버의 효율을 결정할 수 있다. 그러므로 만일 인입가스의 먼지 부하량이 10 gr/dscf이고, 배출이 0.07 gr/dscf라면 스크러버의 효율은 다음과 같이 구할 수 있다.

$$E = \frac{10 - 0.07}{10} \times 100 = 99.3\%$$

그림 1.5 데이터를 사용할 수 있으므로 벤츄리 스크러버를 사용한다고 가정하자. 위에서 얻은 입경의 자료와 압력손실이 11.5 in.w.c. 인 곡선을 사용하여 이 먼지는 압력손실 11.5 in.w.c. 인 이 스크러버의 질량기준 전체효율은 다음과 같이 구할 수 있다.

size, ㎛	% in size Group	× Efficiency	= Net Efficiency, %
+10	80	0..99	79.2
5-10	10	0.99	9.9
1-5	5	$\frac{0.75 + 0.99}{2}$	4.4
<1	5	0.25 avg	
		total	$\frac{1.3}{94.8}$

99.3%의 제거 효율이 필요하므로 11.5 in.w.c. 의 압력손실을 갖는 이 스크러버는 불충분하다. 따라서 좀 더 높은 압력손실을 선택하는 것이 필요하다. 시행착오의 방법을 거쳐서 필요한 압력손실을 설정하는 것이 가능하다.

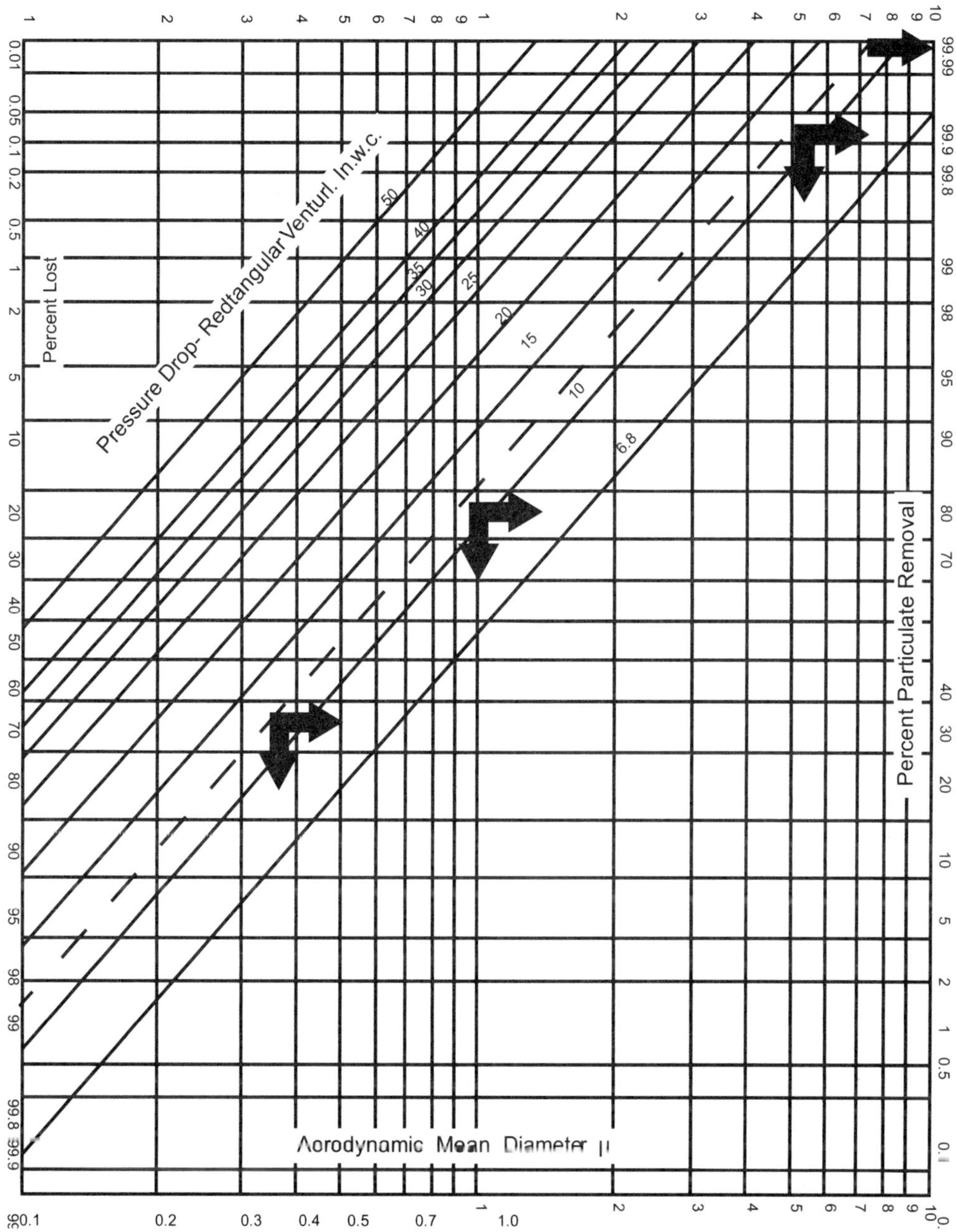

그림 1.5. 1.3.5장용 압력손실 실례

앞의 단원에서 설명한 바와 같이 습식 스크러버에서 압력손실은 스크러버의 효율결정과 밀접한 관련이 있다. 막힘이나 부식은 압력손실에 영향을 미칠 수 있다. 그러나 이러한 막힘, 부식 및 기계적 오작동은 없는 것으로 가정한다. 그림 1.6은 사각형 목의 모양을 갖는 벤츄리스크러버에 대하여 50%수준 (즉, 절단입경)에서의 입자 질량백분비 손실을 압력손실의 함수로 나타낸 것이다.

일단 압력손실이 결정된 장치의 적절한 크기를 결정하기 위하여 스크러버의 각 면적에서의 가스의 체적을 계산하는 것이 필요하다. 정확한 가스체적변화를 계산하기 위한 흡입과 압력을 적절하게 정하여야 한다.

벤츄리에서의 압력손실을 결정하는 방법은 Hesketh[3]에 의하여 제시되었다.

영국단위, 압력손실, ΔP, in w.c;

$$\Delta P = \frac{V^2 p_G A_T^{0.133} L^{0.78}}{1270}$$

1.3.6 압력손실

앞의 단원에서 설명한 바와 같이 습식 스크러버에서 압력손실은 스크러버의 효율결정과 밀접한 관련이 있다. 막힘이나 부식은 압력손실에 영향을 미칠 수 있다. 그러나 이러한 막힘, 부식 및 기계적 오작동은 없는 것으로 가정한다.

그림 1.6은 사각형 목의 모양을 갖는 벤츄리스크러버에 대하여 50%수준(즉, 절단입경)에서의 입자 질량백분비 손실을 압력 손실의 함수로 나타낸 것이다.

일단 압력 손실이 결정된 장치의 적절한 크기를 결정하기 위하여 스크러버의 각 면적에서의 가스의 체적을 계산하는 것이 필요하다. 정확한 가스체적변화를 계산하기 위한 흡입과 압력을 적절하게 정하여야 한 다.

벤츄리에서의 압력손실을 결정하는 방법은 Hesketh에 의하여 제시되었다.

영국단위, 압력손실, ΔP, in.w.c;

$$\Delta P = \frac{V^2_T A_T^{0.133} L^{0.78}}{1270}$$

V_T = 포화가스의 목 부분에서의 속도 : ft/sec

ρ_G = 포화가스의 밀도 : lb/ft^3

A_T = 목 부분의 면적 : ft^2

L = 액기비 : gal/1000 acf 포화가스

다른 형태의 스크러버의 압력손실들은 단원 1.4에서 설명하겠다.

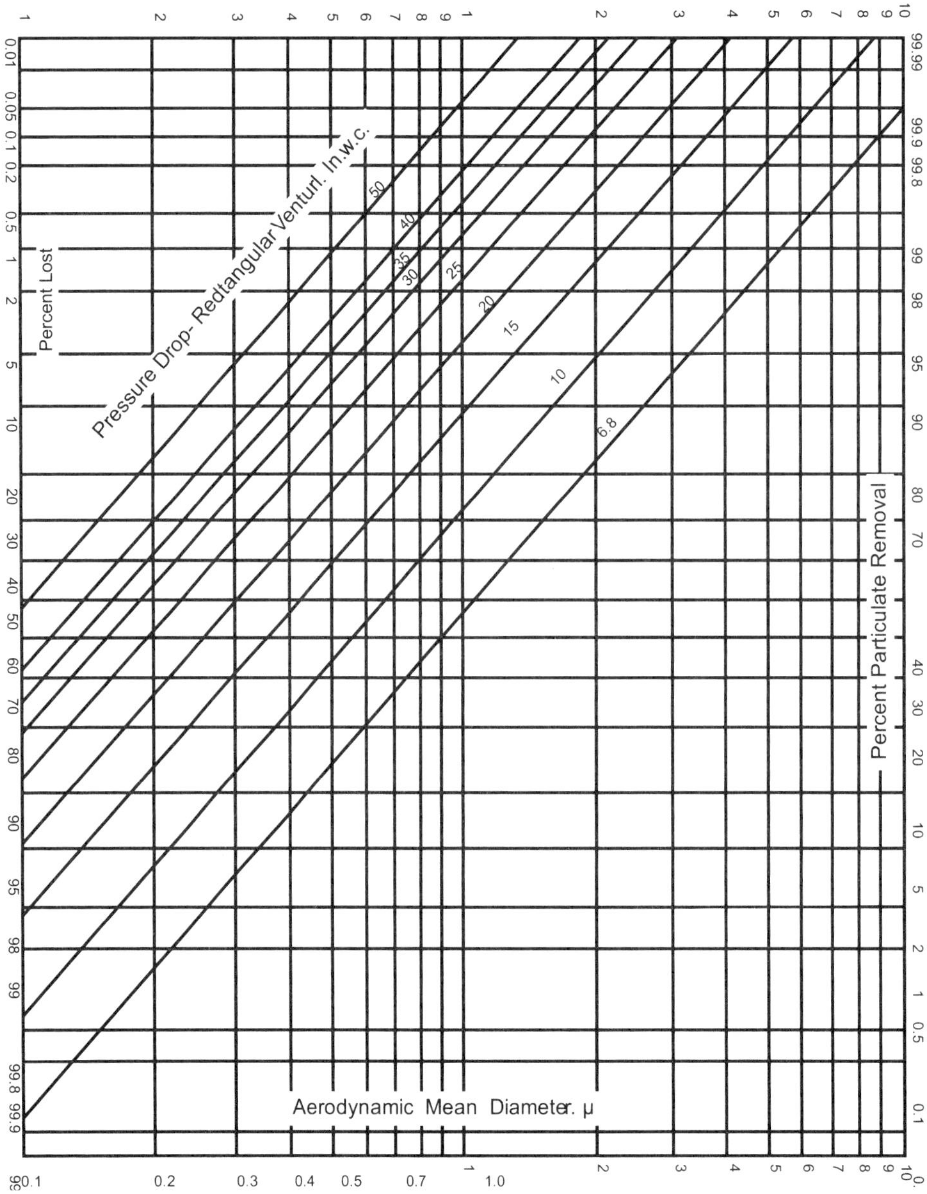

그림 1.6. 입자 크기와 제거율에 따른 벤츄리 스크러버 소요압력

1.3.7 고체 입자 농도

모든 스크러버들은 인입가스 중의 고체입자농도에 의하여 영향을 받는다. 작은 오리피스를 통하여 액체를 빠르게 분사하는 분사식 스크러버는 특히 이러한 지점에서 막힘 현상이나 마모현상이 쉽게 생길 수 있다. 이것은 세정액 중의 최대 고체 입자 농도를 알아야만 한다. 만일 단지 자료가 프로세스 배출량이라면 진짜 필요한 숫자이므로 다행이다. gr/scfm이 주어진다면 이것을 다음 식을 사용하여 변환한다.

$$\frac{(\text{입구입자부하gr/scf})(\text{가스유량in scfm})}{7000\text{gr/lb}} = \text{lb/min of dust}$$

스크러버가 모든 먼지를 제거한다고 가정하면 순환수에는 이 오염물질이 반드시 포함된 순환수량을 설계하고 8.3 lb/gal로 나눈다. 그러면 이것은 깨끗한 세정수량의 lb/min이 된다. 이제 오염량 lb/min로 나눈다면 이것은 무게비로 세정수량 중의 대략적인 먼지농도가 된다.

$$\frac{\text{lb/min dust}}{\text{lb/min water}}(100) = \%\ \text{solid(wt)}$$

이 농도는 보통 큰 비중을 갖는 입자를 제거하는 벤츄리 스크러버에서는 20~30%로 한정하고 노즐구멍이 3/16 in 또는 작은 분사형 스크러버에서는 0.5-1%로 한다. 순환수량은 오염된 고형물을 일징하게 배출(bleeding)하고 신수를 보충하여야 한다.

1.3.3단원에서 계산하였던 증발수량은 배출가스를 포화상태로 만들기 위하여 18.83lb/min이 필요하였다. 만일 일정량의 순환수를 배출해야 한다면 보충수의 양은 이러한 배출수량에 증발수량을 더하여 한다.

계산하면; $\text{배출수량} = \frac{\text{입자부하 (lb/min) (100)}}{(\%\ \text{Solid) (8.3 lb/gal)}} = \text{GPM}$

보충수량 = 증발수량 + 배출수량

인입가스의 온도가 매우 높을 경우 (500°F 또는 그 이상) 보충수를 스크러버의 가스 인입부로 공급시킨다. 반대로 온도가 낮을 경우는 보충수는 세정액 저장탱크로 공급한다:

후단 냉각장치(Aftercooler)가 있을 경우는 마지막 cooler에 보충 시킨다.

1.3.8 냉각장치(Quencher) 설계

이미 가상의 장치에 대하여 증발 손실량을 계산하는 법을 알았다. 고온공정에서 발생하는 고온 배출가스의 온도를 낮추기 위하여 Quencher에서 증발, 냉각시킨다. 따라서 Quencher다음에 있는 스크러버에서 완전한 포화상태가 되도록 한다. 만일 이렇게 하지 않는다면 배출 먼지부하가 초과되며 스크러버의 작동에 악영향을 미칠 수 있다. 이러한 것은 특별히 접촉시간이 짧은 벤츄리 스크러버에서 발생되는 현상이다.

많은 Quencher들이 과잉 설계되고 있다. 대부분의 경우에 Quencher로 분사해서 젖은 부분은 완전히 젖은 상태로 유지하기 위한 정도의 양으로 필요한 증발량을 유입시키는 것이 필요한 전부이다. 따라서 대부분 수압분무 (또는 기화) 노즐을 사용하여 증발량의 1-1.5배를 분무한다. periphery Quencher부분의 둘레 ft당 1-2gal/min의 물을 장치의 벽을 덮고 있는 받침판이나 웨어에 공급한다. Quencher는 스크러버 위에 바로 설치하던지 아니면 별도로 설치한다.

Quencher는 내화 타일이나 배플을 설치하여 액체가 저압(5-10 psig 이하)으로 공급되더라도 일정한 흐름이 되도록 한다. 보통은 금속광물의 건조 가스나고, 액체 폐기물 소각로 가스처리에 사용된다.

스프레이 형식의 Quencher는 일반적으로 다음 법칙을 따른다.

(1) 속도는 50ft/sec 이하로 한다.

(2) 접촉시간은:

	인입가스온도, ℉	접촉시간, sec
(유체무화분사식)	1500-2000	1.5 - 2
	1000-1500	1.0 - 2
	500-1000	0.75 - 1.5
(공기무화분사식)	1500-2000	1.0 - 2.0
	1000-1500	0.75 - 1.5
	500-1000	0.5 - 1.5

(3) 유체무화분사식(Hydraulicaiiy atomized sprays)은 가능하다면 스프레이가 건조되는 것을 방지하기 위해 압력을 80-100 lb/in^2 gauge(psig)의 불용성 염 함유가 낮은 물을 사용한다.

(4) 공기무화분사식(Air-atomized spray)은 6-10scfm/gpm의 깨끗한 물을 사용하여야 한다.

만일 Quencher 배출구가 스크러버와 연결되어 있다면 과잉 물량은 세정수와 혼합될 것이다. 이것은 세정수를 희석시키며 뜨거운 보충수가 유입됨에 유의하여야 한다. 이러한 이유로 Quencher/ 벤츄리 스크러버 다음에 후단 냉각장치(Aftercooler)(트레이 타워, 흡수탑)가 설치된다. 배출가스는 스크러버내에서 현격히 냉각되지 않는다. 따라서 후단냉각장치(Aftercooler)에서 대부분의 경우에 열이 제거 되어야 한다.

습식 스크러버장치 몇 가지의 기본적인 계산을 살펴보았다. 산업현장의 문제들을 해결하기 위해 사용되는 습식 스크러버의 응용조합의 경우는 매우 많다.

이제 가스와 액체의 조건을 알았으면 규정 속도에 대하여 1.2.3 단원과 다음에 소개되는 단원에서의 방법으로 계산할 수 있을 것이다.

1.3.9 속도 계산

스크러버는 화학적 및 기계적 기능을 수행하는 기계적인 장치이다. 기계적인 장치이므로 각 제작자의 설계에 따라 그것의 크기를 결정하는 요소가 있다. 이러한 요소는 가스속도 이다. 일부 규정속도는 1.2.3 단원에 나타내었다. 그러나 일반적으로 스크러버 크기를 결정하는 속도들은 두 부분에서 결정되는데, 스크러버 장치 속도(가스 인입, 배출속도와 같은)와 제거 속도(벤츄리 목부분, 충격과 원심속도)이다.

첫 번째 그룹에서 일반적인 속도는 표 1.1에 나타나 있다. 표 1.3과 그림 1.7에는 마모성이 없는 경우 (먼지부하가 1 gr/scf) 높은 속도를 선택할 수 있는 일반적인 범위가 나타나 있다.

(1) 벤츄리 스크러버

제거속도는 결정하기가 어려울 것이다. 이것은 특히 벤츄리 스크러버에서는 사실이다. 비록 목 부분 속도를 구하기 위해 방정식을 유도하려는 여러 시도가 이루어졌으나. 대부분의 제작자들은 아직도 경험적인 자료를 사용한다.

이 자료는 경험적 파이롯트 시험을 통해 얻은 자료이다. 일반적으로 다음과 같은 가정이 이루어진다.

표 1.3 일반적인 스크러버 장치의 속도

항목	속도	비고
인입 속도	45-80 ft/sec	
출구 속도	30-35 ft/sec	with stack
	50-60 ft/sec	without stack, to fan
Vane Eliminator	1400ft/min	open area face velocity
Chevron	500-600 ft/min	vertical flow
	1100-1200 ft/min	horizontal flow
Headers	6-8 ft/sec	
Drains	1-3 ft/sec	
Packed Towers	2-6 ft/sec	vertical flow
	6-10 ft/sec	horizontal flow
Cyclonic Scrubbers	90-120 ft/sec	inlet velocity

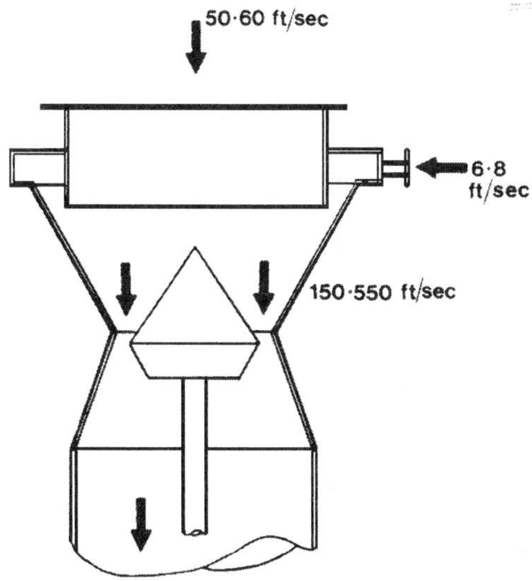

그림 1.7.a 사각 벤츄리 속도

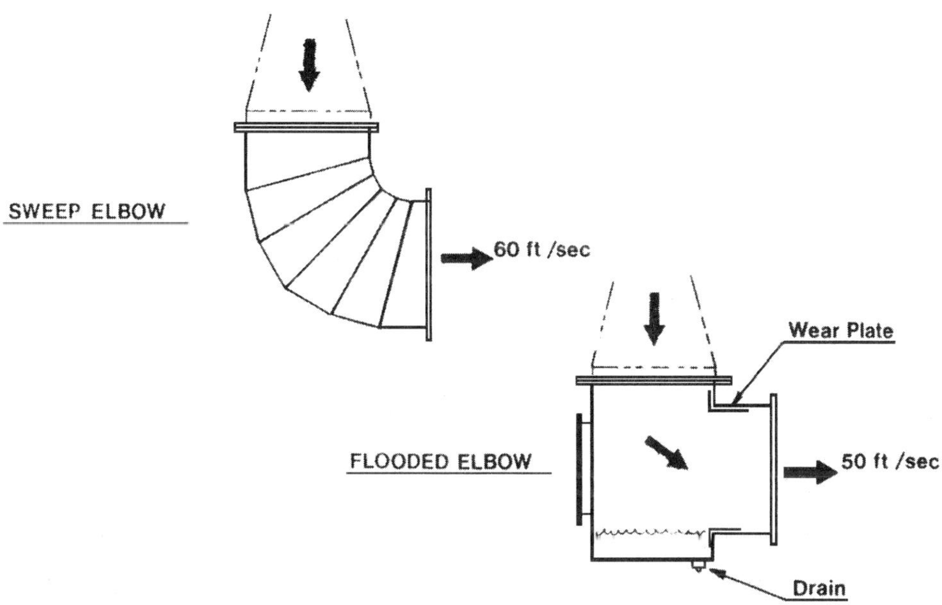

그림 1.7.b 스크러버 장치 내 속도

- 세정액과 가스의 혼합물은 벤츄리를 통하는 동안 난류상태 흐름이다.
- 세정액의 정해진 혼합물(액기비(L/G))은 유체적 특성을 지닌다.
- 세정액은 목 부분 단면에 균일하게 분포되어 있다.
- 목 부분은 어떤 정해진 개구부에서 일정한 유체적 손실이 있다.

어떠한 회사에서는 이러한 자료를 전산화시켜서 주어진 액기비(L/G)에 대하여 가스의 부피와 압력손실을 입력함으로써 목 부분의 속도를 구하고 있다. 그러나 실제로는 세정수 내 고형물 함량, 증발량, 혼합물의 불균일성과 기타 여러 요소들이 작용하게 된다. 하지만 일부 유용한 일반화된 자료를 만들 수 있다.

정해진 압력손실에 대하여 벤츄리 목 부분의 가스의 속도는 목을 통과하는 가스의 부피와 가스의 밀도, 가스와 접촉하는 세정액의 양, 특별한 목 또는 목조임장치의 유체역학적 손실과 마찰 등을 보정하여주는 상수 등에 관계된다. 이것은 (수정된 베르누이방정식 (4)) 다음과 같다.

$$A = \frac{Q}{C\sqrt{\Delta P/\rho_g}}$$

여기서,

- A : 목 부분의 면적, ft^2
- Q : 가스 체적, acfm
- C : 보정계수, 무차원수
- ΔP : 압력손실, in.w.c.
- ρ_g : 포화상태에서의 가스 밀도, lb/ft^3

이 식에서는 벤츄리 목은 약간의 인입손실과 배출 손실이 있는 오리피스로 간주하였다. 상부유입각도 30°, 목 후단 확산부 10~12° 라고 가정한다. 그러나 실질적으로 상부유입각도는 50-60°, 확산부 각도는 15~20° 까지도 가능하지만 이러한 값은 잘 사용하지 않는다.

보정계수 'C'는 다음 사항을 포함한다.

표 1.4 사각형 목 벤츄리의 보정계수

L/G gal/1000 ft^3 Saturated Gas	C
0(air alone)	1050
4	1045
6	836
7	813
10	775
15	715
20	650
30	465
40	335
60	100

- psi값을 in.w.c.로 변환하는 계수 값 ($\sqrt{\ }$)
- 난류로 인한 (입구와 출구)손실의 보정
- 목의 유체학적 조건과 관련한 액기비(L/G)의 보정

표 1.4는 사각형 목 모양의 벤츄리 0.06 lb/ft^3의 가스 밀도조건에서 다양한 액기비에 대한 보정계수 C를 나타내고 있다.

포화된 가스흐름의 밀도가 낮아지는 것은 목 부분의 면적에 미치는 영향이 미비하나 가스의 밀도가 0.075이상으로 증가할 때는 C의 값이 급격한 증가를 가져온다. 가스의 밀도가 1.0 lb/ft^3에서 C의 값은 가스와 액의 저항증가로 (액기비=10에서) 2375이다. Heskeith에 의하여 제시된 벤츄리 스크러버의 압력손실을 계산하는 공식은 1.3.6에서 언급되었다. Hesketh에 의하여 개발된 다른 식은 다음의 벤츄리의 목길이와 관계가 되는 식이다.

$$X_T = 328.582_{\upsilon_T}^{(0.02343L_G - 0.8667)} \exp(-0.063L_G)$$

X_T = 목길이, in.

ν_T = 포화상태가스의목부속도, ft/sec

L_G = 액기비, gal/1000 acf 포화가스

(2) 원심력식 스크러버

표 1.5는 4-6 in. w.c. 로 운전되는 원심력식 스크러버에 대하여 다양한 밀도(L/G 비가 7)에 대한 가스의 속도(포화가스체적을 단면적으로 나눈 값)를 나타낸다.

표 1.5 원심력식 스크러버의 속도

밀도	4 in.w.c. 에서의 속도, ft/sec	6 in.w.c. 에서의 속도, ft/sec
0.05	130	140
0.055	125	135
0.060	118	125
0.065	110	120
0.068	105	116

(3) 분사형 및 기타 스크러버

분사형 원심력식 스크러버는 액기비의 변화에 대하여 크게 영향을 받지 않는다. 예를 들어 액기비가 20에서 7로 감소되어도 속도의 감소는 10%를 넘지 않는다. 이것은 높은 압력손실을 갖는(40 in. w.c. 이상) 벤츄리 스크러버에서는 그렇지 않다. 40 in. w.c. 의 압력손실을 갖는 벤츄리 스크러버에서 액기비가 20에서 7로 감소될 때 목 부분에서의 속도는 400 ft/sec에서 250 ft/sec로 감소되게 된다. 높은 에너지가 소모되는 스크러버는 목부를 통과하는 물이나 기타 세정수의 배출변화에 영향을 받는다.

이러한 현상을 이용하여 세정수의 양을 변화시킴으로써 목부 압력손실을 조절할 수 있는 이점이 있다. 이것은 또한 노 내 압력조절장치가 있는 시설(폐기물 소각시설과 같은)에서 높은 에너지를 소모하는 스크러버를 관리하는데 잠재적은 문제가 된다. 원형 벤츄리는 확장부터 유체 공학적 손실을 줄일 수 있는 유선형의 물체를 놓는다. 일반적으로 목의 면적은 C 값을 40까지

늘림으로써 수정될 수 있다.

입자의 제거 비율은 각각의 적용사례별로 실험적인 값에 의하여 결정된다. 제거 효율은 본질적으로 대수(Log)함수이다. 속도압에 추가적인 에너지의 투입은 제거율의 계속적인 감소로 나타난다. 어떠한 작용사례 경우에 95%에서 99%로의 제거효율 증가는 2배나 3배의 에너지의 증가를 가져온다. 이것은 특히 1 ㎛이하의 입자가 대부분인 경우(산화금속 등) 매우 중요하다. 대기오염방지 법과 그 수정에 대한 대부분의 논의는 투입되어야 하는 증가된 에너지에 대한 것이다. 그 이유는 복잡하다.

1.3.10 충진탑

수직흐름 충진탑은 표면속도(충진물 지지대의 면적)가 2-6 ft/sec에서 운전한다. 비록 가스가 충진탑에 인입되기 전에는 포화상태가 아닐지라도 포화가스의 체적을 이용하여 표면 속도를 결정한다.

수평흐름 충진탑은 일반적으로 통과속도가 더 높다. 액 분사장치와 충진물의 기울기 따라 6-10 ft/sec의 범위로 한다. 이곳에서도 면적을 계산하는 데는 포화상태의 부피가 이용된다. 다시 한 번 포화된 체적을 사용하여 스크러버 직경(bed area)을 계산한다.

1.3.11 기타

앞의 1.3단원에서는 스크러버 설계에 관한 약간의 계산과정을 설명하였다. 시장에 나와 있는 수많은 설계에 대하여 모든 것을 취급할 수는 없다. 1.7단원에 나열되어 있는 Pollution Engineering Practice Handbook을 포함한 Industrial Gas Cleaning Institute(IGCI), EPA에서 발행된 유용한 서적을 참고하기 바란다. 휀과 펌프는 스크러버 장치에 포함되는 시설이지만 이 책에서는 자세하게는 다루지 않겠다.

1.4 현재 이용되는 입자제거 장치

입자 제거장치는 다음과 같은 그룹으로 나누어지며 미세한(1 ㎛이하)입자를 제거하는 능력 순으로 나열되었다.

- 분사식 스크러버
- 습식 동력학적 스크러버
- 원심력 분사식 스크러버
- 충돌식 스크러버
- 그외 고효율 스크러버

이러한 각각의 범주에서 관성충돌은 3 ㎛이상의 입자를 제거한 1차 방법이다.

일반적으로 오염물질의 충돌이 반복적으로 생길수록 허용하는 장치가 좋으면 좋을수록 3 ㎛ 이상의 입자의 제거효율은 좋아진다. 가스 스크러버는 내용이 너무 길기 때문에 이 단원에서는 다루지 않는다. 그러나 1.2.2단원에서 언급된 바와 같이 모든 세정 집진기는 가스를 흡수할 수 있다.

실제 스크러버의 운전에서 나타나는 3 ㎛이상의 입자는 관성효과(운동량, 관성, 운동에너지 등)의 영향을 받아서 이동하는 경향을 갖는 반면, 그 이하의 입자는 가스의 흐름에 따라 이동하며 침전되지 않으며 관성력에 의한 포집이 되지 않는 경향이 있다. 이러한 작은 입자는 정전기력과 차가운 쪽으로 끌리는 온도편차, 세정수의 수증기압, 물방울의 크기에 따라 영향을 받는다. 작은 입자 제거가 목적인 장치 경우 설계자는 비관성의 주된 요인들 중 하나 또는 그 이상의 높은 가능성을 가진 환경을 조성하려고 노력해야 한다. 오염지역 내에서 작은 물방울의 밀도를 높게 만들고 효과적인 입자제거에 필요한 충분한 시간동안 완벽한 환경을 유지함으로써 달성된다. 이 환경은 스프레이 노즐 유체적 손실, 속도압 손실 또는 유동 정전기력 형태의 에너지를 소비함으로써 조성된다.

입자의 제거량이 늘어날수록 에너지의 소비량 역시 늘어나는 것에 주목하여야 한다. (몇 가지의 예외는 나중에 언급된다.) 이러한 진귀한 장치는 입자제거와 에너지 소비 두 가지 모두 훨씬 효율이 좋은 것으로 증명된 것은 있으나 현재 일반적으로 사용되지 않으므로 본 단원에서는 제외한다.

1.4.1 분사식 스크러버(Spray Scrubber)

이러한 장치는 유압 혹은 공압을 이용하여 세정수를 무화시켜서 큰 물방울에 직접 충돌로 물방울에 또는 작은 먼지는 차단(우연한 충돌) 또는 확산(먼지가 세정액 물방울 속으로 이동하는 경우)에 의하여 먼지를 제거한다.

이러한 장치는 일반적으로 수직 또는 수평형이 있다. 스프레이 노즐은 이러한 제거 장치의 내부 체적을 충분히 덮을 수 있도록 설치되어 있다. 이러한 스프레이 장치는 내부에 했다가 설치된다. 세정액을 분사하여 더 많은 표면적을 만드는 장치가 대부분의 경우에 있어서 좋은 흡수장치이다.

일반적인 효율은 5㎛ 이상의 입자에 대하여 90%, 3~5 ㎛에 대하여 60~80 %, 1 ㎛이하 입자에 대하여는 확 떨어진 40-50%이다. 젖기 어려운 물질 (플라스틱 먼지와 분말과 같은)을 제거하는 장치로 사용할 수 없다. 그라인더에서 생기는 배출가스, 큰 입자 색소 배출먼지. 자갈건조기(노즐 막힘을 방지할 수 있는 경우)그리고 비료공장 생산 공정 등에 사용한다. 압력손실은 대략 2~4 in. w.c.이다.

(1) 입자 포집 효율

Hesketh는 스프레이 탑에서 입자 포집효율을 예측하는 공식을 만들었다. 유전매개변수범위는 냉각 또는 냉각된 인입가스를 사용하는 장치에 대한 것이다. 습식세정을 효과적으로 하는 것은 스크러버로 인입되기 전에 뜨거운 가스를 냉각하는 것에 달려있다.

만일 이것이 진행되지 않는다면 실제 분사식 스크러버의 입자포집은 다음 방정식으로 예측된 값보다 작을 것이다.

1) 순 방향 분사식 스크러버 입자포집 효율 모형

순방향 분사식 스크러버 입자포집 효율은 오직 충돌에 의한다. 2개의 분사단을 갖는 분사식 스크러버의 일반적인 입자 포집은 다음과 같다.

$$Pt_{o,i} = = \frac{(2.50)D_c^{0.574}V^{0.69}}{d_M^{1.60}[(L/G)L]^{0.393}}$$

여기서,

$Pt_{o,i}$ = 충돌에 의한 통과율, (%)

= $100-E_{o,i}$

$E_{o,i}$ = 충돌 포집 효율, (%)

d_M = 입구 먼지 질량 평균 직경, ㎛

D_c = 분사 물방울 평균 직경, ㎛

L/G = 액기비, l/㎥

L = 2차 분사단 밑 유효 포집길이, ft

V = 순 방향 가스속도

이러한 순방향 분사식 스크러버의 방정식의 적용 범위는

변수(Variable)	적용범위(Range)
d_M, ㎛	2.5~4.0
D_c, ㎛	700~900
L/G, l/m^3	2.5~3.5
L, ft	3.5~45
V, ft/sec	18~22

가장 중요한 변수는 인입먼지 입자의 크기이고 두 번째는 가스의 속도이고 세 번째는 포집기 물방울의 크기이고 마지막으로 중요한 것은 액기비와 포집길이다. 포집효율은 입자 크기, 액기비(L/G), 포집길이에 직접적으로 변하고 포집기의 크기, 순방향 가스 속도는 간접적으로 달라진다.

2) 역방향 분사식 스크러버 입자 포집 효율 모형

단지 포화상태의 입자를 배출하는 퀀쳐 또는 에버 스크러버 다음에 5개 단을 갖는 역방향 분사식 스크러버에서 입자의 포집은 주로 상승하는 입자를 낙하하는 물방울이 전면적 충돌에 의하여 이루어진다. 확산현상의 증대는 응축으로 인하여 더 작은 입자 (즉, 1.5 ㎛ 이하)를 크게 한다. 응축 성장을 포함한 전면적 충돌에 대한 결론된 일반적인 방정식은 다음과 같다.

$$Pt_o = \frac{(0.0568)D_c^{1.155}}{(L/G)^{0.606}L^{0.237}V^{0.126}}$$

여기서,

Pt_o = 스프레이 5단 전체의 관통율, %

= $100-E_o$

E_o = 전체 효율, %

D_c = 분사 물방울 평균 직경, ㎛

(L/G) = 전체 스크러버의 액기비 , l/㎥

L = 가장 낮은 스프레이부 밑 유효 포집길이

V = 역 방향 가스 속도, ft/sec

이러한 역방향의 분사식 스크러버 방정식의 적용범위는

변수(Variable)	적용범위(Range)
D_c, ㎛	700~1420
L/G, l/mL^3	7.6~9.4
L, ft	8~16
V, ft/sec	9~11

가장 중요한 변수는 입자의 크기이고, 두 번째는 액기비(L/G)이고, 세 번째는 유효포집거리(L)이다. 가스 속도의 변화는 영향이 없다.

효율은 직접적으로 액기비(L/G), 유효포집거리(L), 가스속도(V)에 연관되며 간접적으로 분사물방울직경(D_c)에 연관된다. 역방향 분사식 스크러버에서는 유효포집거리(L)가 증가함에 따라 속도차(ΔV)가 감소한다. 따라서 효율 향상을 위한 유효포집거리(L)의 증가 효과는 순방향 분사식 스크러버에서 만큼 중요하지 않음에 유의한다.

1.4.2 습식 동력식 및 사이클론식 스크러버

습식 동력식 스크러버와 사이클론 스크러버는 입자제거 효율이 비슷하므로 같이 고려한다. 이 2개의 장치는 5 ㎛보다 큰 입자에 대하여 95%이상의 제거효율을 갖는다. 이들은 그림 1.8에 나타나 있다. 1 ㎛보다 작은 입자에 대하여는 60~75%정도의 제거효율을 갖는다.

습식형에는 Ducon사의 UW-4® 스크러버와 American Air Filter사의 Rotoclone®과 같이 분사 휀 설계가 포함된다. 이러한 장치들은 그림 1.8b와 같이 임펠러에 패들을 덧댄 휀 흡입구에다 세정액를 가압무화 시킨다. 휀 모타의 마력은 공기의 운동량과 아주 작게 쪼개진 물방울의 세정량에 따라 늘어난다. 대부분의 이러한 장치들은 스프레이를 하거나 젖은 넉아웃(Wetted Knockout) 부분으로 오염가스를 통과함으로써 전 처리를 한다. 이것은 공기를 가습하고 휀 장치에서 증발량을 감소시킴으로써 이런 장비 표면에 먼지가 쌓이는 것을 방지한다. 액적을 함유한 휀 출구 공기는 액적제거장치(droplet eliminator)를 지나면서 액적은 제거되고 배출된다.

광산에서의 먼지제거 또는 입자의 크기가 5 ㎛이상인 곳에서 많이 사용된다. 이러한 장치는 휀 임펠러가 마모되어 새로 자주 교체하여야 하는 마모성 분진인 경우이외는 이용되지 않는다.

휀 임펠러는 매우 비싸서 매우 큰 유지관리비가 소모된다.

싸이클론식 분사 스크러버는 싸이클론 인입부에 가압무화분사 노즐을 설치함으로써 휀 임펠러 분사장치가 없다. 가스는 수직(수평도 있음)원통형용기의 접선 방향으로 유입 되며 이 부분에 물을 분사시켜준다. 원통부에 연결된 닥트는 테이퍼(Taper)가 지어있어서 가스 유속을 계속적으로 증가시킴과 동시에 물방울의 밀도를 높인다. 여기에는 관성충돌과 직접차단의 원리가 주로 적용된다.

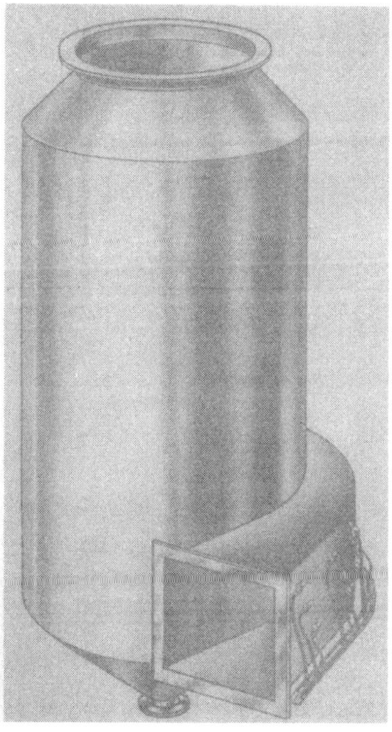

그림 1.8a. 사이클론 스크러버

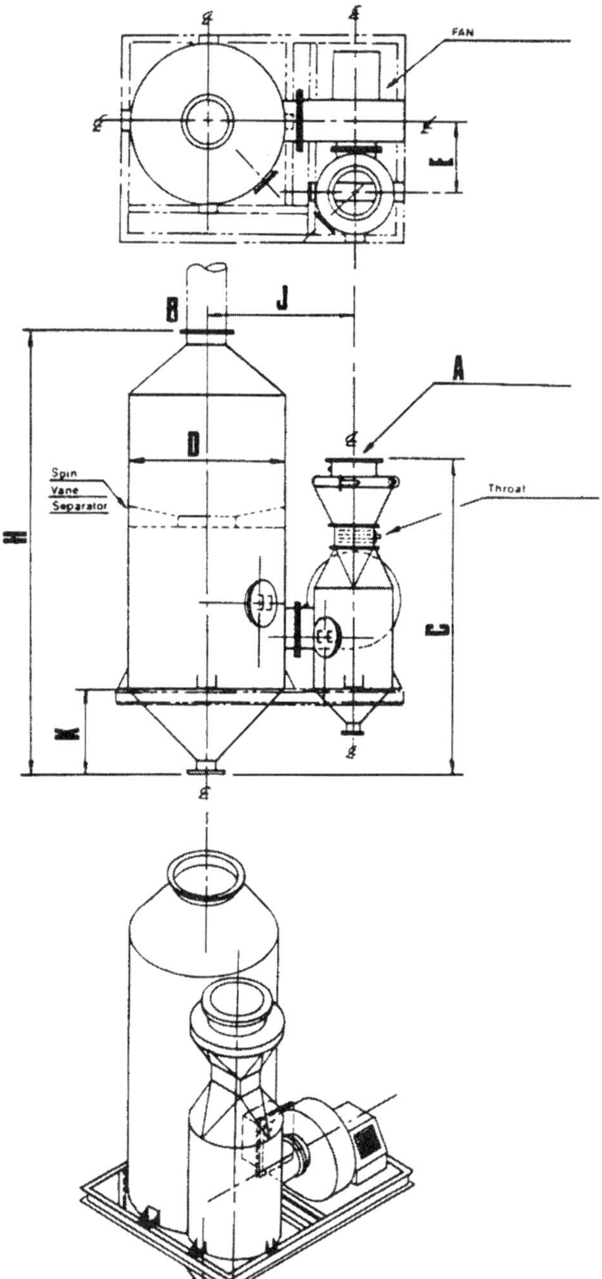

그림 1.8b. 습식 동력식 스크러버 개략도

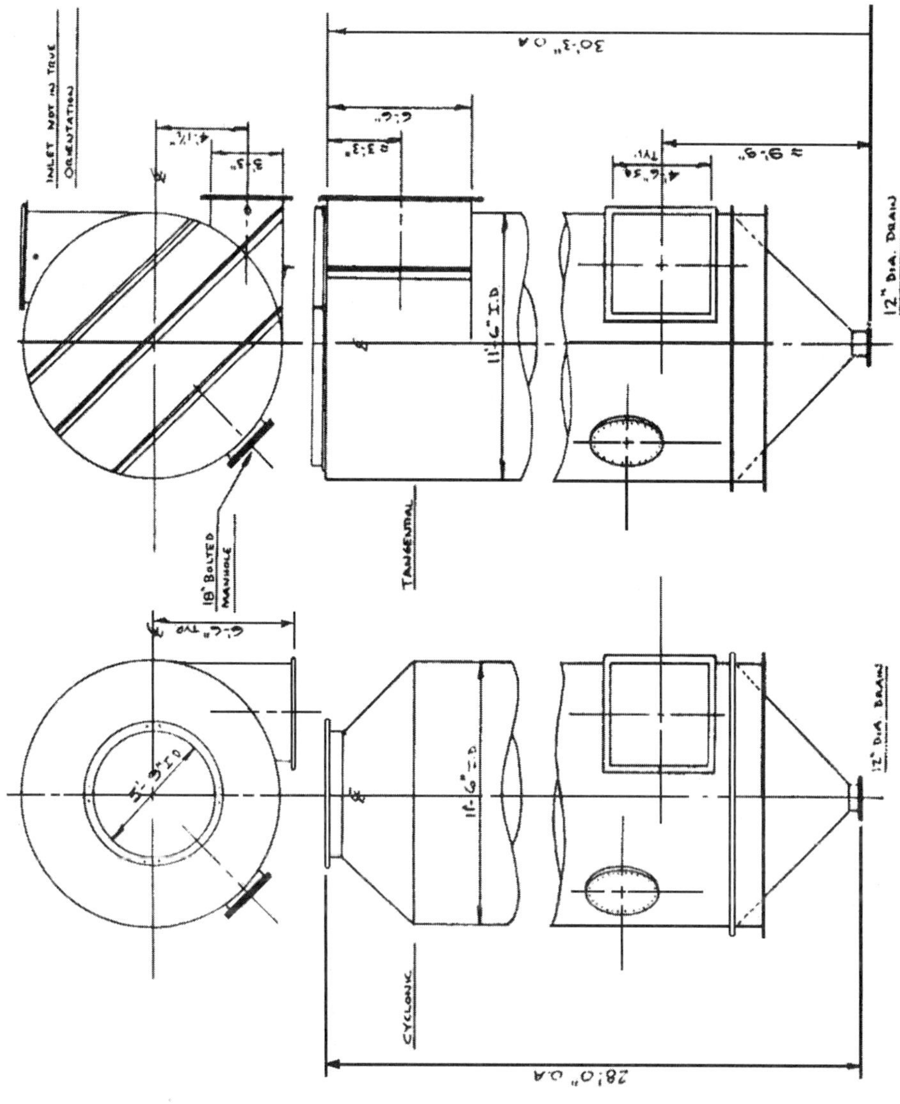

그림 1.9 사이클론 분리장치

그림 1.9는 사이클론 분리장치를 보여주고 있는데 이것은 어떠한 스크러버의 후단에도 사용할 수 있다. 수직이나 수평의 분사 헤다를 추가한다면 이 장치는 사이클론식 스크러버가 된다. 휀은 마모을 감소시키기 위하여 보통 스크러버의 후단(깨끗한 공기 쪽)에 설치된다. 스프레이 노즐을 사용하기 때문에 순환수 배관에 스트레이너(Strainer) 또는 거름통(decant tank)이 필요하므로 장비 가격 검토 시 포함되어야 한다. 인산 비료 공장에서의 먼지 제거, 연마공장에서 큰 먼지 제거(때로 다른 스크러버 후단에 있다.), 미세 먼지제거, 주조 공장 먼지 제거 그리고 크게 눈에 보이는 입자를 배출하는 기타 다른 공장의 먼지제거에 주로 이용된다.

1.4.3 충돌식 스크러버(Impactor Scrubber)

충돌판을 가진 이러한 충돌식 스크러버는 미국의 W.W Sly사와 Peaboby사 그리고 Westen Precipitation사에서 제작된다. Sly사와 Peabody사는 대략 70% 개구율인 다공판을 사용한다. 또한 이러한 개구부는 부분적으로 그림 1.10, 1.11에 나타난 바와 같이 부딤판(Target Plate)에 의하여 막혀져 있다. 가스는 부딤판(Target Plate)을 향하여 가속이 되고 이 판은 표면을 일정하게 흐르는 액체에 의하여 씻겨진다. Westen Precipiration사에서 나오는 폴리형(Poly-type) 충돌판은 작은 구멍을 통하여 가스를 가속시켜 액체의 표면에 직접 부딪힌다. 이러한 것의 효과는 관성 충돌력에 의한 것이다.

이러한 장치는 1940년대의 이후로 많이 이용되고 있다. 이것은 수백 개의 석회석 건조로에서 사용되었고 어느 것은 아직도 운전되고 있다. 이러한 것은 또한 2차 금속관련 스크러버와 냉각장치로서 사용되고 있다. 이것은 매우 농도가 낮은 세정액을 사용하여야 한다. (보통 고형분 함량이 무게비로 2% 이하이다.) 그리고 인입 입자의 부하가 10 gr/scf을 초과하면 막힌다.

폴리형(Poly-type)(그림 1.2)은 여러 분야에서 전단 스프레이로 사용한다. 이러한 전단 스프레이는 습도를 높이며 일반적으로 속도를 감소시켜 인입가스의 조건을 조절한다. 스프레이 헤드는 인입면적의 전체를 완전히 덮을 수 있도록 설치한다. 만일 공간이 생기는 경우 스크러버 성능에 문제가 될 수 있다.

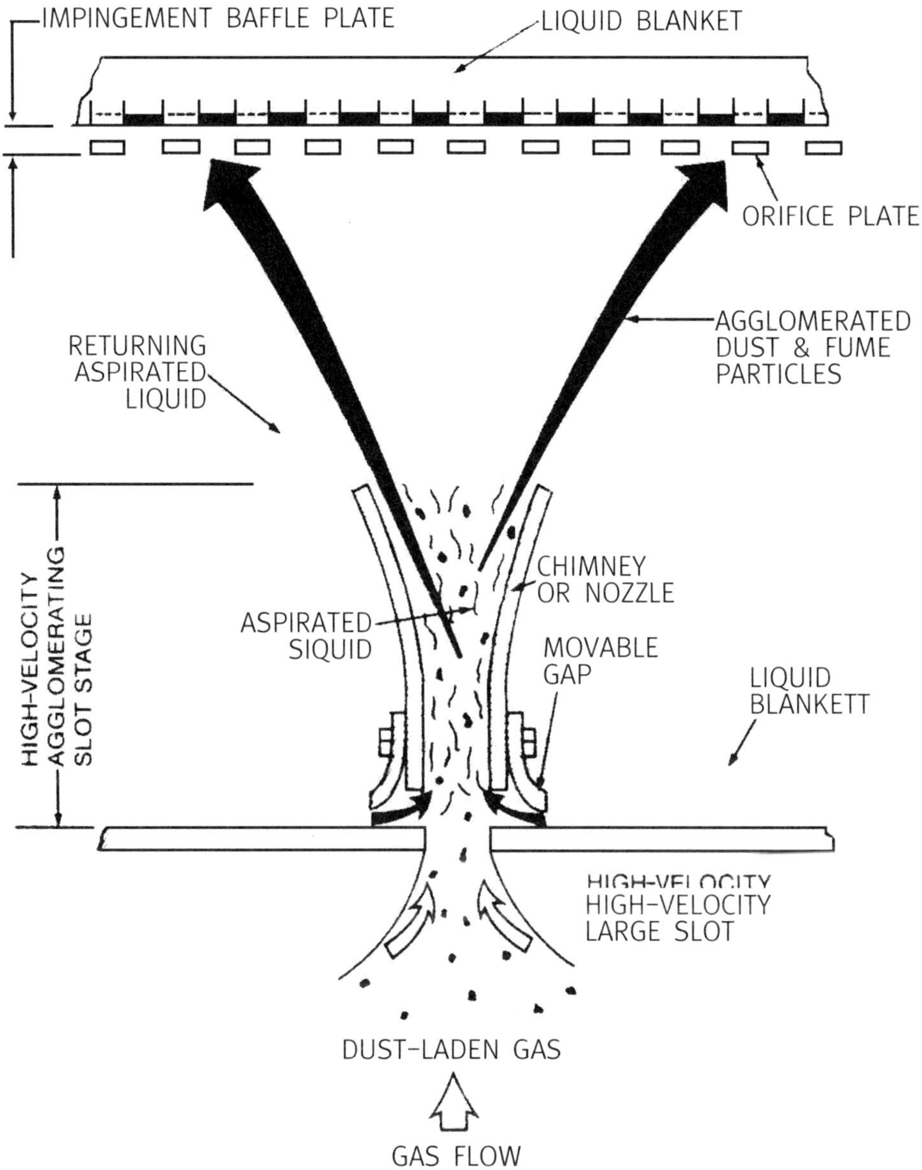

그림 1.10 충돌식 스크러버의 가변 다공판

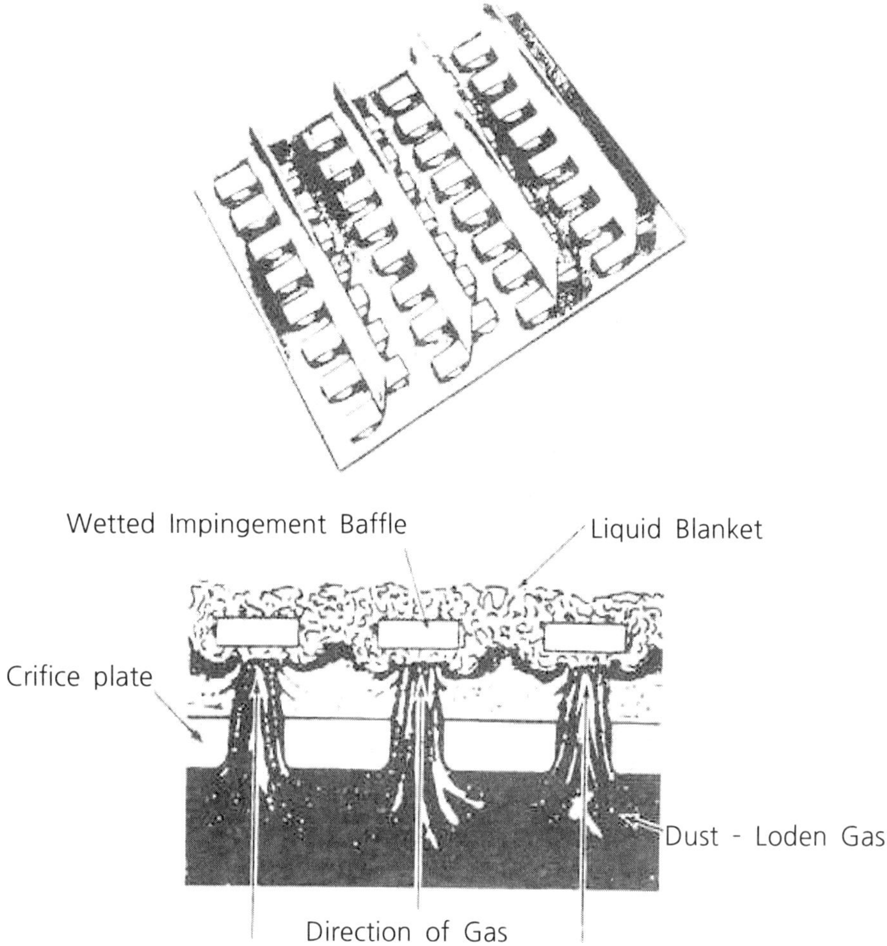

그림 1.11 충돌식 스크러버 baffle 판

충돌 스크러버는 보일러를 이용하여 많은 양의 숯을 생산하는 공장에서 성공적으로 사용되고 있다.

숯의 먼지 크기가 큰 경우 사용되는 충돌 스크러버는 단지 3-8 in.w.c.의 압력손실을 나타내며 높은 집진 효율(98%)이상을 가진다. 이러한 장치들은 세정액이 본질적으로 정적유동이기 때문에 벤츄리나 스프레이 스크러버에 비하여 액기비가 낮다. 이러한 액기비는 인입가스의 입자 부하와 집수조에서 필요한 고체 농도에 의하여 결정된다. 이러한 장치는 1 ㎛이하의 입자에 대하여는 효율적 이지 않다.

그림 1.12 보일러 배가스 처리시설 중 폴리형 충돌식 스크러버

이러한 충돌 스크러버는 세정액이 넘쳐흐르는 평판 트레이 단의 특성을 나누는데 따라서 여러 가지의 형태가 있다. 이러한 트레이는 다공판 위에 띠판(battle strip)을 사용한 그리드이거나 밸브 (value), 또는 버블캡(bubble cap) 심지어는 조절 가능한 충격판 등이 될 수 있다. 여기에서는 오염공기의 제트분사를 만듦으로써 기체의 운동에너지를 증가시키고, 판을 세정액의 일정량으로 깨끗이 씻어주는 것이 기술이다. 보통 세정 집진기에서는 세정액의 표면적을 증가시킴으로써 집진효율을 높이게 된다. 부딤판(Target Plate)이 오염물질과 부딪히는 표면적이 된다. 따라서 그 이름이 충돌 스크러버가 되었다.

이런 형태의 스크러버는 고형물이 용해성인 경우를 제외하고 세정수 내 고농도의 고형물은 허용되지 않는다. 압력손실은 트레이 당 마른 상태에서 1 in.w.c. 이고 젖은 조건에서는 1-2 in.w.c.의 압력손실이 발생한다. 조절형 트레이는 냉각장치로 사용 액기비가 2-10 gal/1000 acfm 인 경우 필요한 세정액을 보충하여 실 트레이 면적 ft^2당 약 2 gpm의 세정수 양이 액체 밀봉 되도록 한다. 트레이는 철금속이나 폴리프로필렌. PVC, 표면속도는 어떤 디자인에서는 14 ft/sec정도로 높은 속도를 사용한다. 그러나 이러한 경우는 정압손실은 어쩔 수 없다

최상의 트레이 효율은 F인자가 약 1.8-2.0사이에서 발생한다. F인자는 다음과 같이 계산된다.

$$F = V_G (\rho^G)^{0.5}$$

여기서,

V_G = 표면가스속도. ft/sec

P_G = 포화가스밀도, lb/ft^3

트레이 분리 거리는 약 24 in가 보통이다. 트레이 단수에 따른 트레이 스크러버 제거 효율은 표 1.6에 나타난다.

표 1.6 트레이 스크러버 제거효율(%)

먼지입경, mm	Single Tray at ΔP = 3.5in.w.c.	3Trays in Series
0.6	~0	3
1.0	~0	48
1.5	31	74
2.0	56	87
3.0	86	97
4.0	98	100

1.4.4 벤츄리 스크러버

1 ㎛이하 입자의 더 많은 양(1㎛이하 입자의 50% 이상제거)을 제거하기 위해서는 벤츄리 스크러버 사용을 고려하여야 한다. 이러한 것은 가스 무화장치이다. 벤츄리 스크러버는 전단력과 충돌력에 의하여 물방울을 미세한 물방울로 만드는 기계적인 장치이다. 이것의 목적은 높은 밀도에서 미세한 물방울이 골고루 분포된 영역을 만드는 것이다. 고밀도는 오염입자가 액적에 충돌하고 유사한 충돌로 커지며 관성력으로 될 수 있는 가능성이 높아진다. 일반적인 벤츄리 압력손실과 효율과의 관계는 1.3.5와 1.3.6의 단원에서 다루었다.

커다란 벤츄리의 목 부분에서 미세한 물방울을 만드는 것은 어렵다. 이러한 미세한 물방울을 균일하게 분포시키는 것은 거의 불가능 하다. 따라서 어떠한 회사는 속도압 형태의 과잉 에너지를 가스에 추가하여 이러한 손실을 보정하는 "과잉" 상황을 만든다. 그 방법으로 American Air Filter사의 Kinpactor®나 Baumco-type venturi scrubber에서와 같이 스크러버의 분사물량을 증가(목부 바로 위에 분사노즐 액입구를 설치)하거나 직접 주입 시키는 것이 있다. 후자는 세정액의 제트부를 목부에 직접 미세한 입자상태로 주입하여 흐름의 분산이 쉽게 미세 물방울이 되게 한다.

실제로 스크러버가 45 in. w.c.의 압력손실을 가지며 가동될때 추가적인 차압의 증가가 제거효율의 증가를 가져오지 않았다. 보통 물분사는 목부가 아니고 목 아래에서 생성되므로 벤츄리 목의 확산 부분(넓어지는 부분)을 길게 만들어야만 한다. 대개 속도는 450 ft/sec이다. 목 부분의 길이가 1ft라면 물방울이 접촉지역에서 입자와 접촉이 가능한 접촉시간은 1/450 이하가 된다.

많은 에너지를 소모하는 스크러버에서 확산 부분은 매우 주의하여 설계하여야 한다. 벤츄리 스크러버의 압력손실이 40 in. w.c. 이상으로 가동될 때 확산부분의 길이는 목 부분의 너비의 최소 4배 정도가 되는 것이 바람직하다. 많은 경우에 기존 스크러버의 이러한 확산부분의 크게 하여 효율을 향상 시킬 수 있다.

각각의 제작자는 몇 가지의 기본적인 형태를 가지고 있는 듯 하다. 즉 어떠한 것은 목 부분을 고정시킨 것이고 몇 가지는 목 부분의 면적을 조절할 수 있는 것이다. 목 부분이 고정되어 있는 것은 목의 형태가 원형이거나 직사각형으로 되어 있다.

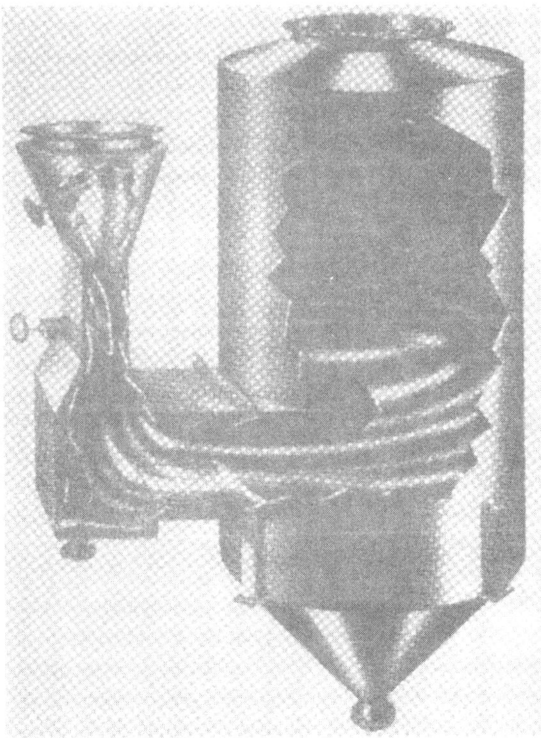

그림 1.13. 싸이클론 액적제거 장치 부착 Peabody사 벤츄리 스크러버

목의 형태가 원형인 것은 보통 높은 압력에 사용되거나 또는 제작자재의 특성상 원형으로 나오는 것 (예-FRP)이다. 만일 목 부분의 폭이 1ft를 초과하면 중앙에 스프레이나 헤다를 설치하여 세정액을 분사시켜 목의 중심부위를 덮는다. 그렇지 않을 경우 최고속도인 이 목부분에서 공백이 생성되게 된다.

직사각형의 목을 갖는 것의 너비를 보통 18 in.로 제한되어 있는 것도 같은 이유이다. 한 사각형 목은 마모가 쉽게 일어나는 곳에서 사용되거나 원형보다 좀더 제작이 쉬운 경우 사용된다. 그림 1.13은 싸이클론 액적제거장치와 함께 사용된 사각형 벤츄리를 보여 주고있다. 가변형 벤츄리는 설계에 있어서 좀 더 다양하다.

그림 1.14a 가변형 벤츄리 목
(접선형 액 공급 장치와 댐퍼 날개를 참조)

그러나 모든 설계는 운전자가 목 부분의 면적을 조절할 수 있도록 한다는 공통점이 있다. 목 부분의 면적은 목 부분의 속도를 결정한다. 보통 다양한 입자크기에 대하여 압력손실, 제거효율과의 함수로써 목부 속도를 나타내는 곡선(curve)을 제작자는 제공한다. 그림 1.14.a 는 두개의 댐퍼 날개가 있는 벤츄리 스크러버를 나타낸 것이다.

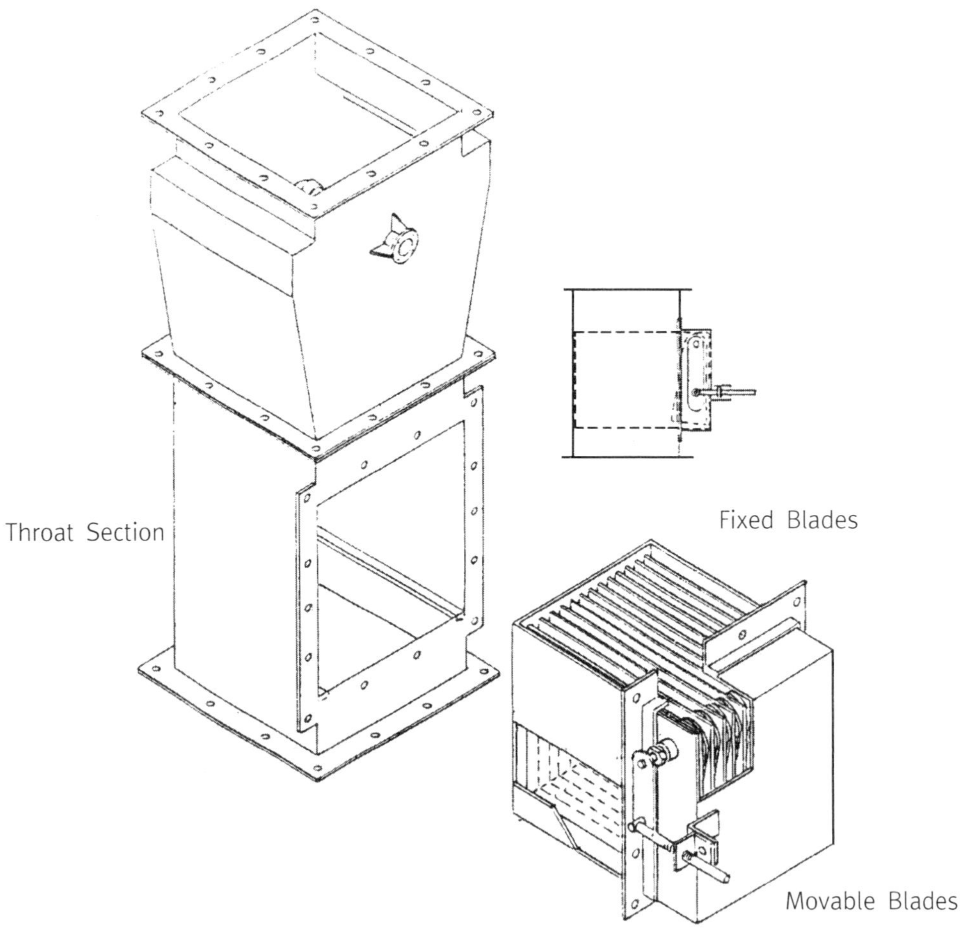

그림 1.14.b NGV 벤츄리 스크러버

이러한 면적의 조절을 위하여 벤츄리 목에는 댐퍼 날개, 중앙에 설치된 원추(원형 벤츄리), 쐐기모양, 디스크나 다른 장치가 사용된다. 일반적으로 유체의 흐름 방향으로 설치되어 회전하면서 회전의 사인각 으로써 면적을 조절하는 장치가 많이 사용되며 이러한 장치는 높은 압력손실에 대하여 매우 민감하게 된다. 약간은 회전만으로도 매우 큰 압력손실의 변화를 가져올 수 있다. 그러나 이러한 효과는 실제로 응용하는 데는 좋지 않게 된다.

콘형태는 만일 바르게 디자인 되었다면 직선적으로 움직이게 된다. 그러나 이것을 유지하는 것은 이러한 문제가 외부로부터 고려되지 않는다면 매우 어렵게 된다. 이것은 또한 막힘 현상을 방지하기 위하여 최소한 이를 청소하여 줄 수 있는 하나 이상의 구멍을 가지고 있어야 한다. 이러한 콘은 목 부분의 위에 설치될 수도 있고 또한 아래쪽에 설치될 수도 있다.

목 부분의 너비가 1 ft를 넘는 회전날개를 가진 벤츄리와는 달리 이러한 콘 형태의 목 부분의 너비는 수 인치(in)에 불과하다. 그러함으로써 유체의 방향에 변화가 발생한다. 이러한 벤츄리는 목 부분에서의 속도가 200 ft/min을 초과할 때 매우 효과적으로 작용한다.

다른 벤츄리 스크러버는 목 부분의 너비를 매우 좁게 만들어서 입자의 제거 효율을 향상시킨 네로캡 벤츄리 (Narrow Gap Venturi. NGV)와 같은 것이 있다. 이것은 목 부분을 여러 등분으로 나누는 판이 수직으로 설치되는 형태를 가지고 있다. 그 판의 간격은 특징적으로 1 in.나 2 in.를 가진다.

면적을 조절하기 위하여 이러한 판 사이에 회전 가능한 날개가 만들어져 있다. 이러한 배열은 구식 라디오에서 주파수 맞추기 위해 돌리는 캐파시터(CAPACITOR)와 배열이 비슷하다. 움직이는 판이 목 부분에서 회전함에 따라 그들은 목 부분의 면적을 감소시키고 젖은 부분의 면적을 증가시키고 목 부분에서의 간격을 좀 더 감소시킨다. 이러한 여러 효과가 복합적으로 작용하여 목 부분의 유체 역학적 지름을 감소시키고 목 부분에서의 압력손실을 변화시킨다.

벤츄리 스크러버의 형태는 습식 또는 건식의 "조건부" 이다. 이러한 것은 목 부분의 인입부분이 호파모양이다. 보통 인입부분의 스풀을 벤츄리까지 연장하므로 "건식과 습식의 경계생성"을 막는다. 표면이 부분적으로 습기가 차 있는 곳에서는 가스 중에 포함된 먼지가 쌓이게 된다. 건조한 먼지는 좀 더 습기가 많은 곳을 찾게 된다. 인입부분의 스풀의 연장은 이러한 경향을 감소시키게 된다.

치과병원 음료대 형이나 웨어(weir)같은 것의 사용으로 완전히 젖게 만듦으로써 이러한 젖은 부위와 마른 부위의 경계를 조절할 수 있다. 이러한 것을 수행하기 위하여 노즐에 의존하는 설계는 단순한 설계보다 못하다. 벤츄리 스크러버에서 물 분사량은 4-100 gal/1000 acf이다. 일반적으로 스프레이 노즐을 사용하여 물방울을 분자화시키는 장치는 낮은 물량을 사용하지만 스프레이 노즐이 자주 막히는 단점이 있다. 측면 방향으로 회전시키는 물을 사용하는 것은 속도가 6-8 ft/sec이고 압력은 5-10 psig이다. 이러한 것은 그림 1.15에서 보여주는 바와 같은 모양의 Peabody 스크러버이다.

벤츄리 스크러버는 -100 in. w.c.에서 수백 psig의 입력에서, 100 in.w.c. 이상의 압력손실 조건에서 가동된다.

1.4.5 개량된 스크러버(전기 스크러버 포함)

많은 에너지를 소모하는 벤츄리 스크러버에서 우리는 1 ㎛이하의 입자에 대하여 그것의 무게는 거의 없음으로 인하여 관성력을 이용하여 제거하는 기술을 적용하는 데에는 현실적 제한이 따름을 알았다. 이러한 입자들에 대해서는 다른 힘이 좀 더 효과적임을 알아야 한다. 즉 정전기 인력이 바로 그것이다.

이러한 방법에는 오염물질을 포함한 인입 가스가 양전하를 띠도록 만들어 줌으로 스커러버 제거효율을 좀 더 향상시킨다. 물은 음전하를 갖는 경향이 있기 때문에 작은 입자는 전기력으로 인하여 물에 부착되게 된다. 물이 가지는 극성으로 인하여 물은 지면과 같은 효과를 가지게 된다.

이것의 어려운 점은 공기 중의 먼지가 전하를 띄게 하는 것이다. 여기서는 먼지는 전하를 가지게 하고 물에는 전하를 가지게 하지 말아야 하는 것이다. TRW의 습식전기집진기와 같은 디자인에서는 물에 전하를 띄게 한다. 다른 디자인은 오염물질을 여러 겹으로 된 층을 통과시킨다. 이러한 모든 디자인에서 전하는 입자에 쏘여주고 이것은 1 ㎛이하의 입자에는 거의 효과가 없는 관성력 대신에 전기력을 이용하여 입자를 제거한다.

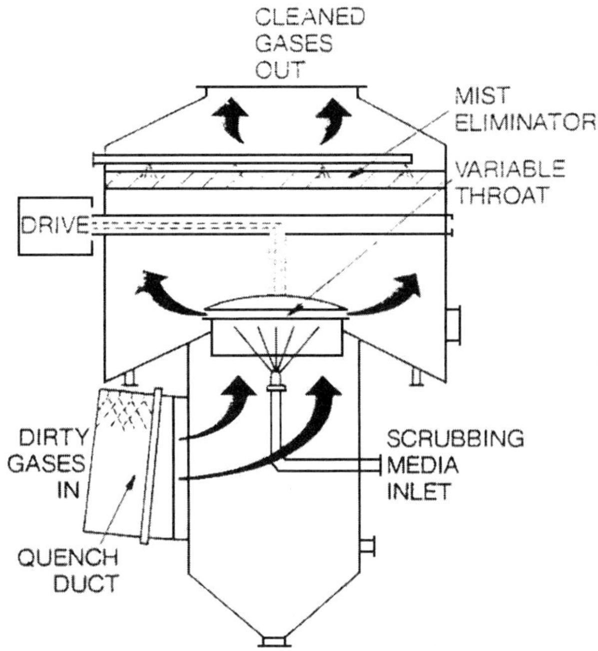

그림 1.15. 상향류식 Peabody사 Radial 스크러버

1.5 흡수탑의 설계 계산

1.5.1 소개

흡수탑에 대한 복잡한 것은 제외하고 간단하게 설명 하고자 한다. 가장 주요한 부분은 SO_2를 흡수하는 탈황시스템을 예로 할 것이다. 흡수는 하나의 물질전달과정이며 오염가스에서 세정액으로의 전달이 이루어진다.

물질전달의 정도는 액체와 가스의 접촉 표면적, 2상에서 농도차이 그리고 함유된 화학물질 종류에 의하여 좌우된다. 이러한 것의 대부분의 자료는 표와 그림으로 제공된다.

1.5.2 압력손실

접촉 표면적은 가스의 흡수에 직접적으로 관련된다. 표1.7은 여러 가지의 충진물에 대하여 ft당 압력손실과 접촉면적을 표시한 것이다. 충진탑이나 스프레이 탑에서는 공통적으로 압력손실은 탑의 아래로 흐르는 유량과 관계가 있다. 그러나 이 값들은 Flooding의 80%를 정상값으로 한다.

1.5.3 FGD 흡수의 예

그림 1.16은 개략적인 SO_2흡수 시설을 보여주고 있다. 이것은 공정 조건과 NaOH를 사용하여 SO_2를 90%정도 제거하도록 되어있다. 보일러에서 배출되는 가스는 120°F로 냉각되어 흡수탑으로 유입된다. 그리고 충진물의 형태는 Munters Type 12060이다.

1.3.1 단원의 계산식을 사용하면 공기의 분자량이 28.9 lb/m 이라는 가정 하에서 체적 500,000 acfm의 가스는 1.95×10^6 lb/hr으로 환산된다.

세정액의 량을 계산하면 다음과 같다.

$$\left(\frac{15\text{gal}}{1000\text{acf}}\right)(5000{,}000\text{acfm})\left(\frac{60\text{min}}{\text{hr}}\right)(8.34\text{lb/gal})$$

$$= 3.75 \times 10^6 \ \text{lb/hr}$$

Flooding Mass Velocity는 그림 1.17을 사용하여 다음과 같이 계산한다.

$$X = \frac{L_M}{G_M}\sqrt{\frac{\rho_G}{\rho_L - \rho_G}} = \frac{3.75\times10^6}{1.95\times10^6}\sqrt{\left(\frac{0.065}{62.4-0.065}\right)} = 0.062$$

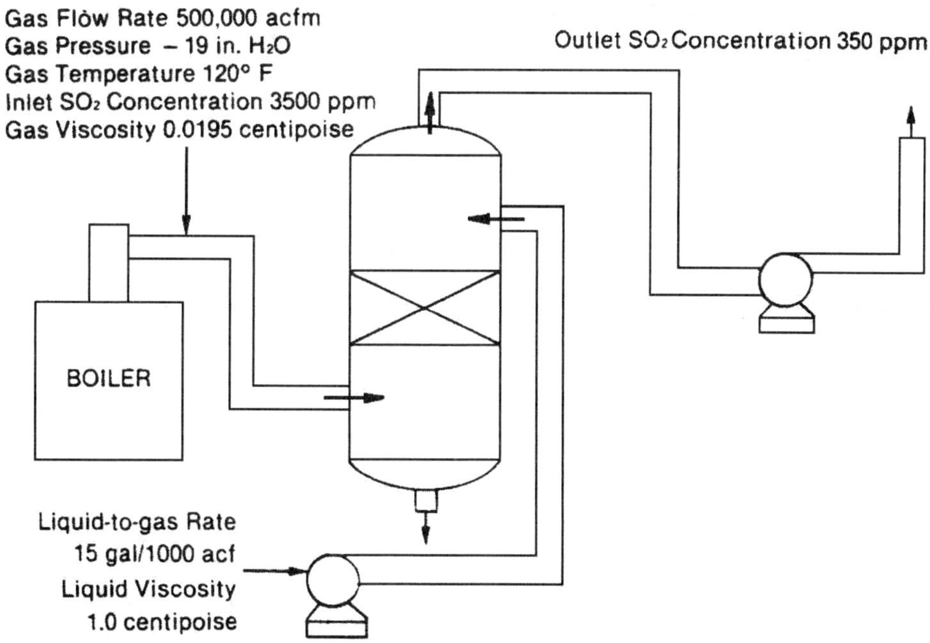

그림 1.16 SO_2 제거 흡수장치 개략도

그림에서 y=0.102이다. 그러므로 Flooding Mass Velocity(G_F)는 다음과 같이 구할 수 있다.

$$G_F = \sqrt{\left(\frac{32.2\ y\ P_G P_{Ld}}{F {\mu_L}^{0.2}}\right)}$$

F는 표 1.8에 나와 있는 충진물의 상수이다.

표 1.7 충진물의 비교 [가스량 2250 lb/(hr ft]
속도 500 fpm; 세정액 2000 lb/(hr ft^2) : 4gpm/ft^2]

Packing Material	Available Surface Area, ft^2/ft^3	Pressure Drop in .w.c. per ft of Packing
Munters 12060	68	0.13
1-in. Koch flexirings	65	0.90
1-in. Glitsch Ballast Saddles	65	0.80
1-in. Glitsch Ballast Rings	65	1.30
1-in. Intalox Saddles	63	0.75
1-in. Norton Pall Rings	63	0.90
1-in. Ceilcoat Tellerette	55	0.65
2-in. Maspak FN-200	43	0.75
1-1/2-in. Rashin Rings	40	1.60
1-1/2-in. Glitsch Ballast Rings	40	0.84
1-1/2-in. Koch Flexirings	40	0.75
1-1/2-in. Norton Pall Ring	39	0.75
2-1/2-in. Protak P-251	39	1.00
2-in. Ceilcoat Tellerette	38	0.30
2-in. Koch Flexirings	35	0.45
2-in. Protak P-252	34	0.82
2-in. Croll Reynolds Spiral-Pak	34	0.24
2-in. Glitsch Ballast Saddles	34	0.55
2-in. Intalox Saddles	33	0.50
2-in. Glitsch Ballast Rings	32	0.55
2-in. Norton Pall Rings	31	0.45
2-in. Heilex 200	30	0.45
3-in. Tellerettes	30	0.24
2-in. Rashing Rings	30	1.40
3-1/2-in. Koch Flexirings	28	0.22
3-in. Glitsch Ballast Saddles	28	0.32
3-in. Intalox Saddles	27	0.30
3-1/2-in. Norton Pall Rings	26	0.22
3-1/2-in. Glitsch Ballast Rings	26	0.22
3-3/4-in. Maspak FN-90	25	0.36
3-in. heilex 300	23	0.27

표 1.8 충진물의 특성치

Packing Material	Packing Factor, F ft^2/ft^3	Mass Transfer Diameter D_M, in.	Surface Area, a, ft^2/ft^3
Munters 6560	58.8	0.224	123
Munters 12060	27.4	0.400	68
l-in, Rashin Rings	155	1.00	40
l-in. Intalox Saddles	98	1.00	63

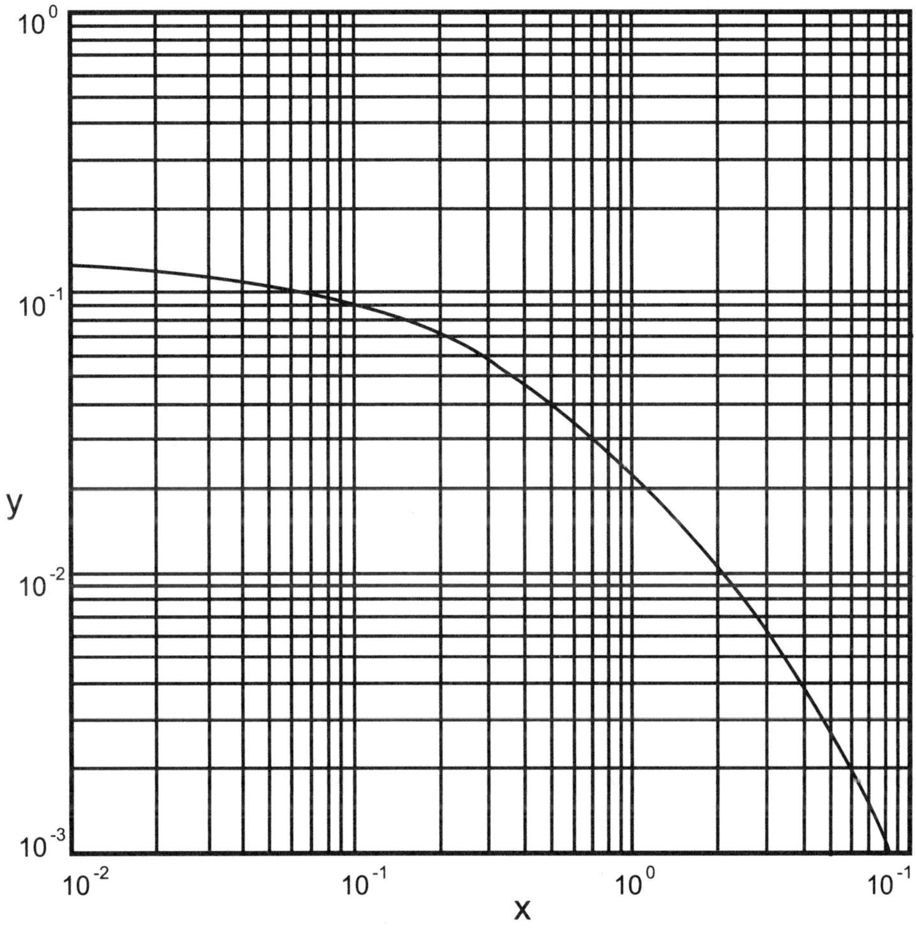

그림 1.17. Flooding Velocity 그래프

그러므로 G_F는 다음과 같이 구할 수 있다.

$$G_F = \sqrt{\left(\frac{(32.2)(0.102)(0.065)(62.4)}{27.4(1)^{02}}\right)} = 0.7\,\text{lb}/(\text{sec ft}^2)$$

실제적인 탑의 직경은 Flooding Velocity의 80%로 생각하여 구하여야 한다.

$$\text{area} = \frac{1.95 \times 10^6\ \text{lb/hr}}{(3600\text{sec/hr})(0.8)(0.70\,\text{lb/sec ft}^2)} = 967\ \text{ft}^2$$

$$\text{지름} = \sqrt{\left(\frac{4 \times \text{area}}{\pi}\right)} \cong 35\,\text{ft}$$

표 1.7에서 구하면 압력손실은 충진층 1ft당 0.13 in. w.c.가 발생한다. 충진층의 높이는 그림 1.18에서 구할 수 있고, 물질전달 지름(D_M)은 표 1.8에서 구한다.

$$G'_M = \frac{1.95 \times 10^6\,\text{lb}/(\text{hr ft}^2)}{967\,\text{ft}^2} = 2017\text{lb}/(\text{hr ft}^2)$$

$$L'_M = \frac{3.75 \times 10^6\text{lb/hr}}{967\,\text{ft}^2} = 3378\,\text{lb}/(\text{hr ft}^2)$$

$$Re_G = \frac{D_M G'_M}{\mu_G} = \frac{\left(\frac{0.4}{12}\right)(2017)}{(0.0195)(2.42)} = 1425$$

$$Re_L = \frac{D_M L'_M}{\mu_L} = \frac{\left(\frac{0.4}{12}\right)(3878)}{(1)(2.42)} = 53.4$$

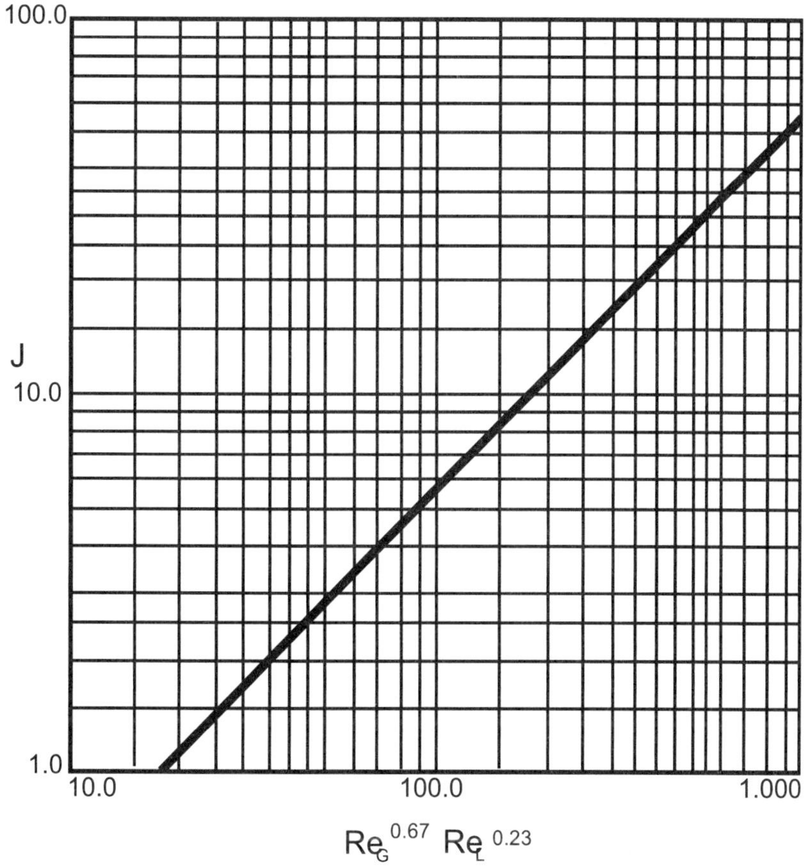

그림 1.18. 물질전달계수 그래프

$$Re_G^{0.67} \times Re_L^{0.23} = 324$$

그러므로 그림 1.18에서 물질전달계수인 J의 값은 17.5가 된다. 다음과 같은 계수를 사용하여 전체적인 물질전달 계수인 $K_G a$를 풀어보자.

기체 상수 = R = 10.73 psi ft^3/(lb/ mol °R)

절대 온도 = T = 120 + 460 = 580 °R

충진물 접촉면적 = a = 68 ft^2/ft^3(표 1.8에서)

Schmidt No. = Sc = $\mu_G / \rho_G D_{12}$ (여기에서 D_{12} 는 SO_2의 확산계수로서 0.604 f^2/hr 이다.)

$$= \frac{(0.0195)(2.42)}{(0.065)(0.604)} = 1.20$$

그러므로

$$k_G a = \frac{JD_{12}a}{RTD_M} Sc^{-2/3} = \frac{(17.5)(0.604)(68)}{(10.73)(580)(0.4/12)} (1.20)^{-2/3} = 3.07$$

($K_G a$의 값은 가스의 풍량과 충진물의 종류, 그리고 그 밖의 인자에 의하여 변함에 주의 하라.)

충진물의 높이(H)는 다음과 같이 구할 수 있다.

$$H = \frac{-G'_M}{k_G a M_G P_A} \ln \frac{y_o}{y_i}$$

여기서,

M_G : 기체의 분자량 = 28.9

P_A : 절대압력, psia = 14.0

y_o : SO_2 배출농도, ppm = 350

y_i : SO_2 인입농도, ppm = 3500

$$H = \frac{-2017}{(3.07)(28.9)(14.0)} \ln \frac{350}{3500}$$

$$= 3.74\,ft$$

총 압력손실은 다음과 같다.

(3.74)(0.13)=0.5 in.water

윗 식들은 모든 흡수탑의 설계에 적용되지 않는다는 사실을 당부의 말로 전하고자 한다. 만일 처리가스와 세정액이 설계조건의 최소량보다 낮거나. 설계조건의 최대량보다 많으면 흡수탑은 위에서 설명한 이론대로 운전되지 않게 된다. 그림 1.19는 낮은 가스의 흐름에서 시브판형(Sieve Tray) 스크러버에서의 이론상 압력손실과 실제의 압력손실을 나타내고 있다. 가스의 흐름이 12.74 lb/sec (설계값)에서부터 5.7 lb/sec(설계 값의 45% 허용값)에서는 잘 가동됨을 알 수 있다. 그러나 4.7 lb/sec이하에서는 압력손실로 나타나듯이 세정액이 다 빠져나가서 흡수탑의 가동이 더 이상 안정되어 있지 않음을 알 수 있다.

1.6 기액 분리장치(MIST ELIMINATOR)

1.6.1 소개

기액분리장치(Mist Eliminator)는 모든 스크러버의 내부에 설치하는 부품 중 하나이다. 이 장치가 부식하면은 종종 스크러버 시스템의 전체가 부실한 것으로 되기 때문에 "스크러버는 들어가는 것보다 나오는 것이 더 많다"라는 말이 생겼다. 우연히 그럴 수도 있으나 잘 설계되고 운전되고 유지관리 된다면 절대 그렇지 않다.

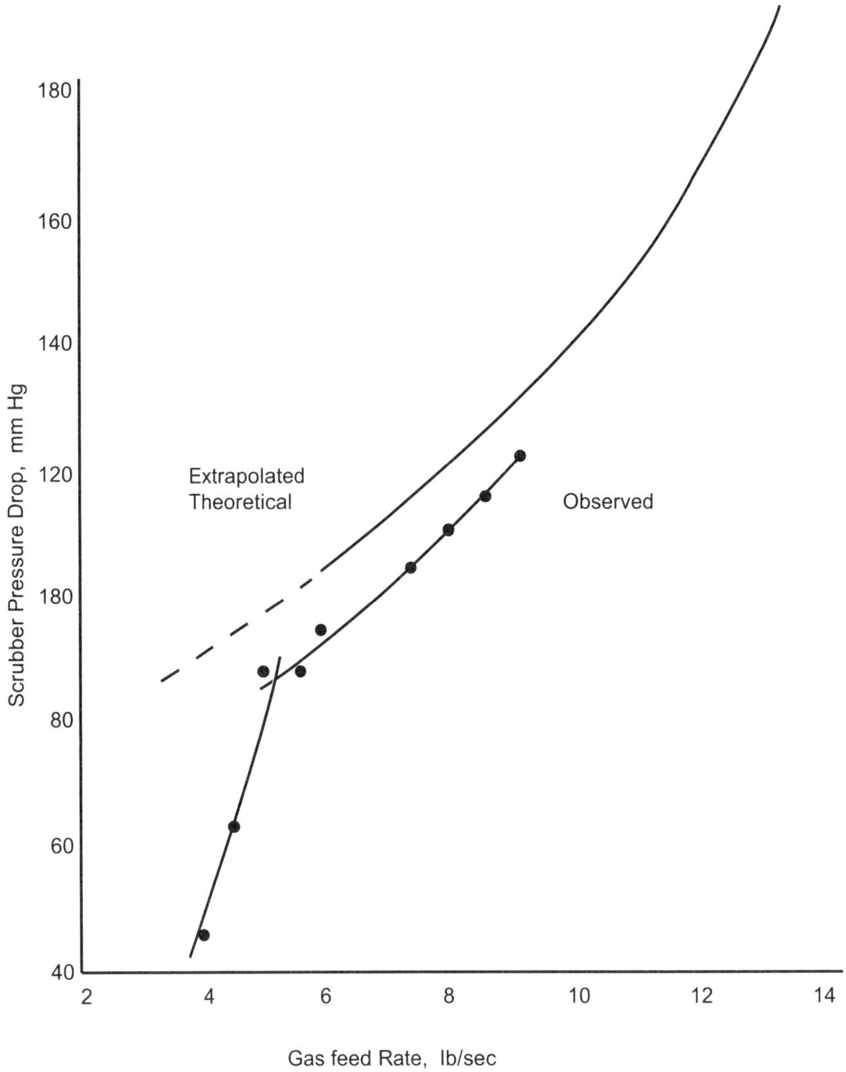

그림 1.19 시브 판형 스크러버에서의 이론과 실제 압력손실

기액분리장치는 분리기(Entrainment Separator)나 데미스터(Demister)로 불리기도 한다. 이것은 배출되는 물방울이나 재 배출되는 물방울, 응축에 의한 물방울, 혹은 다른 기타 이유에 의하여 발생하는 물방울을 가스에서 제거한다. 효율적인 기액분리장치는 인입 물방울의 99~99.9%를 제거한다.

1.6.2 기액분리장치

기액분리장치는 주로 관성충돌과 원심력에 의하여 가스 중의 액적을 분리한다. 그러나 관성충돌에 의하여 작용하는 장치라도 직접차단과 확산력도 추가로 적용된다. 관성충돌을 이용한 가장 일반적인 형태는 배플을 이용한 것과 망을 이용한 것이 있으며 여러 가지의 용도로 사용된다. 가장 대표적인 것은 수평의 가스흐름과 수직의 가스흐름의 2 가지다. 수평의 가스흐름에 적용하는 것은 독일과 일본에서 최근에 미국으로 알려졌으며 높은 가스 속도와 물방울의 부하를 허용한다. 그 이유는 제거된 물방울이 장치를 통과하는 동안 가스흐름의 역방향으로 떨어지지 않고 90° 방향으로 배출되기 때문이다.

수직 흐름에서의 장치는 그림 1.20에서 보는 바와 같이 보통 여러 단의 갈매기 날개 모양인 Chevron의 형태를 갖는다. 2단에서 6단이 많이 사용되고 있으며 보통 3단으로도 충분하다. 물론 이러한 지그재그 형태를 갖는 배플형은 수평 가스 흐름에서도 사용될 수 있다. 그림 1.20에 나타난 바와 같이 장치 내 통과단의 수는 설치된 배플의 개수와 같음을 이 방법으로 하면 통과의 단수는 앞의 방법보다 한번이 적어진다. 실제로 2가지 방법이 모두사용되고 있다. 연속적 지그재그의 개량된 장치는 그림 1.21에서 보는 바와 같이 경사진 배플로 이루어진 것이다. 수직 가스 흐름에 대하여 개량된 장치는 수평에서 30° 가 기울어져있다.

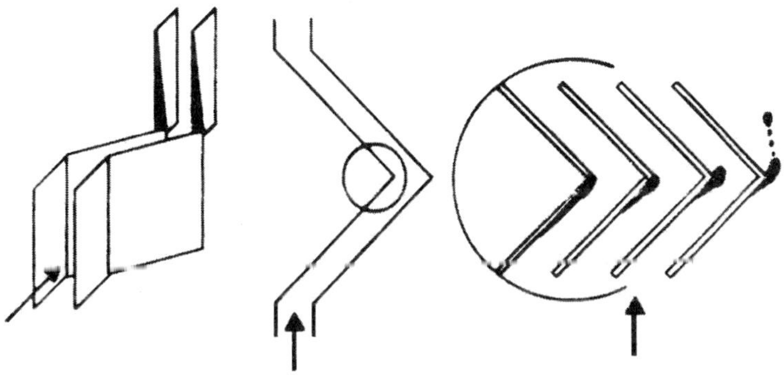

그림 1.20 쉐브론(Chevron)형 기액분리장치 설계

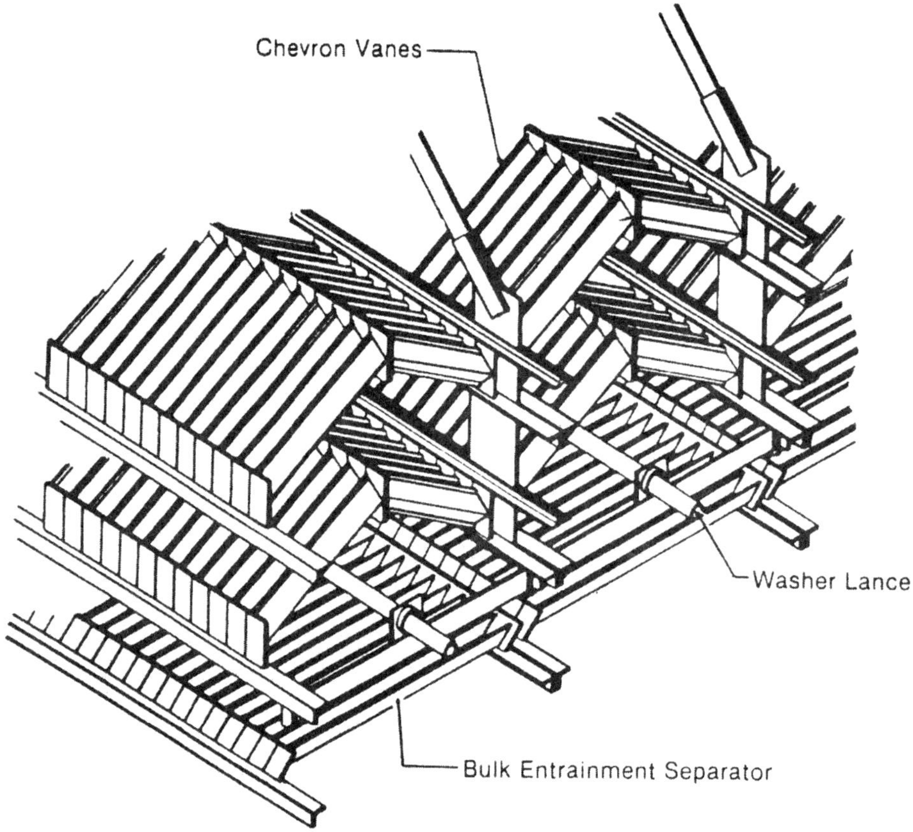

그림 1.21. 경사진 지그재그 배플 기액분리장치

그러므로 좀 더 높은 인입속도와 물방울의 부하에 사용될 수 있다. 수직 가스 흐름용 기액분리 장치의 다른 형태는 그림 1.22에서 보여주는 것과 같이 미국 Munter 회사의 Euroform®과 같은 것이다. 시옷(ㅅ)자 모양의 에어포일이 벽에 있어서 포집된 액이 끝단으로 바로 향하게 된다. 각단의 끝단에서 포집된 물은 올라오는 가스에 의해 다시 비산되지 않는다.

막힘이 우려되지만 높은 효율이 요구되고 물방울 부하가 낮은 경우에 쉐브론형 (Chevron) 기액분리장치를 사용한다. 필요한 경우 그림 1.20과 같은 장치를 하부에 1차 처리장치로 설치하기도 한다.

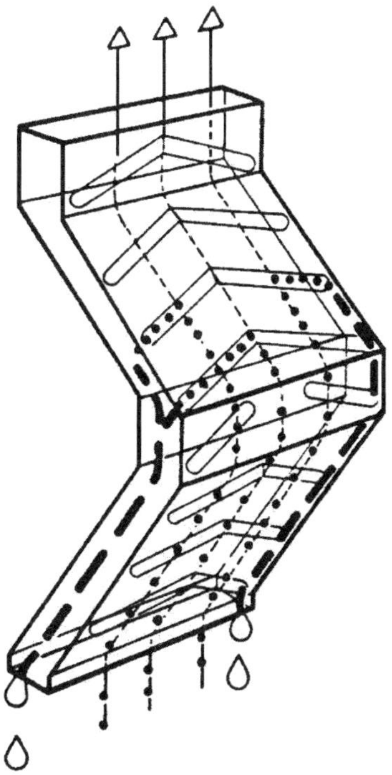

그림 1.22.
Munters사
Euroform T271
제품

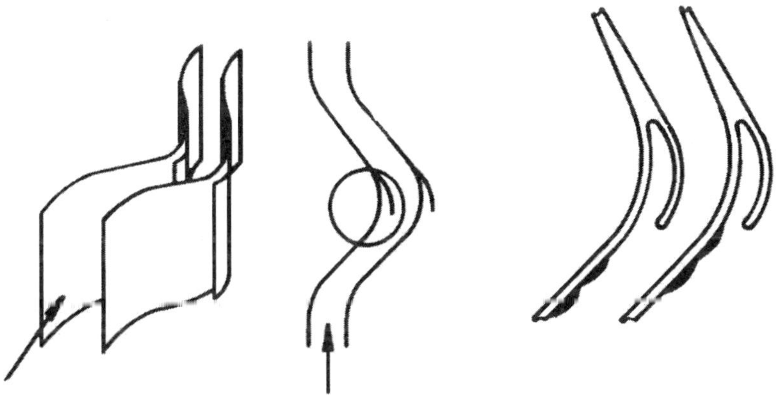

그림 1.23 챔버가 있는 기액분리장치

수평흐름에서의 물방울 제거장치는 그림 1.23에 나타난 것과 같이 액상의 제거 챔버를 종종 부착하기도 한다. 이것은 제거된 물이 동반 비산 되는 것을 줄여준다. 망형태의 장치는 수직 흐름에서 사용되며, 망을 막히게 하는 끈끈한 물질이 가스 중에 포함되지 않은 곳에서 사용된다. 그림 1.24는 일반적인 망형태의 기액분리장치를 보여준다. 망의 두께는 4~12 in 범위 이며 일반적으로 6 in를 사용한다. 망 패드는 수평에서 0~45° 의 각도로 설치한다. 원통형 망 화이버 충진재와 화이버 베드 충진물도 사용 가능하다. 그러나 이러한 것은 산업용 스크러버에 별로 이용되지 않는다.

싸이클론식 장치는 아주 훌륭한 1차용 기액분리장치이다. 중력과 함께 원심력으로 큰 물방울 입자를 제거한다. 이것은 관성 충돌식 장치 보다 많은 설치 공간이 필요하며 산업용으로 사용하기에는 효율적이지 못하다. 그러나 막힘 현상이 일어나지 않는다는 장점이 있다. 그림 1.9는 싸이크론식 기액분리장치의 대략적인 모양이다.

1.6.3 설계상 주의점

충돌 형식 기액분리장치는 표면을 깨끗하게 유지하고 먼지가 쌓이는 것을 방지하기 위하여 씻어주는 장치를 필요로 한다. 이러한 씻어주는 장치는 깨끗한 물을 사용하여야 하며 가스가 들어오는 쪽이나 밑쪽 부분에 노즐을 설치하여 직접 분사시켜준다. 이러한 노즐은 물방울이 너무 잘게 쪼개져서 배출 되지 않게 하기 위하여 분사압력이 25 psig를 넘으면 안된다. 일반적인 분사량은 표면적 당 3 gpm 정도이다.

관성 충돌 배플이나 망 형태의 장치는 확실히 묶거나 고정되어야 하며 초기 가동할 때나 가동 시에는 움직이지 말아야 한다. 재질은 여러 가지로 사용될 수 있으며 플라스틱이나 강화유리섬유(FRP)는 가벼운 이점이 있다. 스텐레스 강과 다른 금속도 또한 일반적으로 사용된다.

그림 1.24. (a) 지지대가 있는 일반적인 망 패드형;
(b) 6" 두께 SUS Wire망 단면도

1.6.4 속도

설계 속도는 일반적으로 110%(최대)와 60%(최소) 사이의 범위로 한다. 효율은 가스의 속도가 달라지면 변화한다. 잘 설계되었다고 보고된 장치에서의 속도는 표 1.9와 같다.

수직 흐름용 쉐브론(Chevron)형 기액분리장치는 F_1의 인자가 1.2에서 3.6사이에서 99% 이상의 효율이 된다. F_1의 인자는 다음과 같이 구한다.

$$F_1 = V_G(\rho_G)^{0.5}$$

여기서,

V_G = 가스의 표면속도, ft/sec

ρ_G = 가스의 밀도, lb/ft^3

수평가스의 흐름에서 F_1 범위는1.2에서 4.8 이다.

수직 흐름용 망형태 기액분리장치에서 최대속도는 Stoke's 및 Sounders-Brown 방정식에 의하여 다음과 같이 추정할 수 있다.

표 1.9 보고된 Mist Eliminator 속도

Eliminator Type	Gas Flow	Gas Velocity, ft/sec
Zigzag	Horizontal	15~20(inlet)
Zigzag	Vertical	12~15
Zigzag(30° from horiz.)	Horizontal	16~22
Cyclonic	All	100~130(inlet)
Mesh	Horizontal	15~23
Mesh	Vertical	10~15
Tube Bank	Horizontal	18~23
Tube Bank	Vertical	12~16
Euroform T271	Vertical	10~20

$$V_{max} = K \quad \frac{\rho_L - \rho_G}{\rho_G}$$

여기서,

ρ_L = 액체의밀도. lb/ft^3

K = 0.35, 망 밀도가 9 − 12 lb/ft^3 일 때,

= 0.40, 망 밀도가 $9 < 12$ lb/ft^3 일 때,

= 0.30, 플라스틱과 Teflon® 망 일 때

만일 망이 수평에 대하여 Θ의 각도를 이루고 설치되었다면 윗식 K의 값은 K_a로 대체되고 다음과 같이 나타내어진다.

$$K_a = K + 0.3\sin\Theta$$

표 1.10은 여러 가지의 와이어 망의 밀도에 대하여 각각 비교한 것이다.

1.6.5 압력손실

그물모양의 Eliminator에서 압력손실은 정상조건에서 0.5~1.0 in.w.c. 이고 극한 조건에서는 0.2~1.5 in.w.c.를 나타낼 정도로 작다. 압력손실의 계산은 매우 복잡하며 이것은 허용 최대속도(V_M)에서 발생하는 최대 압력 손실값(ΔP_M)을 아는 것으로 충분하다. 어떤 실제속도(V_a)에서 압력손실 값은 다음과 같이 구할 수 있다.

$$\Delta P = \Delta P_M \left(\frac{V_a}{V_M} \right)^2$$

표 1.10 와이어망의 밀도별 비교표

Mesh Styles						Mesh Density, lb/ft³	Mesh Surface Area, ft²/ft³	Mesh Voids, %
KOCH	York	ACS	Vico Tex	UOP Type	Stone & Webster			
4120		4BA	380	C	C	12.0	115	97.6
4210	421					10.8	110	97.7
3710	371					10.0	163	94.0
4310	431	4CA	280	A	B	9.0	86	98.2
3260	326	3BF	415		K	8.0	140	98.4
6440	644					7.3	65	98.5
5310	531	5CA				7.0	65	98.6
9310	931	7CA	160	B	A	5.0	48	99.0
5520		X200	611		L	20.0	450	96.0
5540	333	X100	800		P	27.0	610	94.6
2212	221	8T				4.0	125	97.0
2414	241	8P				4.0	150	97.0

1.7 기타

현재 미국에는 약 500개의 대기오염방지시설을 만드는 회사가 있어 새로운 기술이 늘 개발되고 있는 실정이다. 이러한 개발은 개방되어 있는 것이 아니고 스스로 소유를 주장하고 있어서 이러한 회사에서 나오는 책은 상업용으로는 팔지 않고 단지 회사 내부의 기술 자료로 활용하고 있는 편이다.

몇 가지 도움이 될 수 있는 서적이 다음에 소개한다. 이러한 것이 환경방지시설로 사용되는 스크러버 대하여 알고 싶어 하는 여러 가지에 대하여 자료를 제공하여 줄 것이다.

(1) Journal of the Air and Waste Management Association
P.O. Box 2861
Pittsburgh, Pennsyvlania 15230

(2) Pollution Engineering Magazin
1350 E. Toughy Ave
Des Plaines, IL 60017-5080

(3) Power
P.O. Box 430
Hightstown, New Jersey 08520

(4) Environmental Science and Technology
American Chemical Society
1155 16th Street NW
Washington, DC 20036

(5) Technical Association of Pulp and Paper Industry (TAPPI)
One Dunwoody Park
Atlanta, Georgia 30338

2 화이버베드 필터와 습식세정

화이버 베드필터는 1 ㎛이하의 물방울과 고체입자 에어로졸을 브라운운동에 의하여 제거하는 습식 포집 장치이다. 전통적으로 이 장치는 산성 에어로졸을 제거하기 위하여 사용되었으며 최근에는 다른 습식 세정 장치의 부가 장치로 높은 효율을 얻기 위하여 사용된다.

화이버 베드필터는 습식 스크러버와 건식 필터 사이에 '응용공백'을 메운다. 이 장치는 스크러버 기술과 필터의 기술을 동시에 이용하게 된다. 그러나 일반적으로 화이어베드 필터의 표면은 항상 젖어 있게 된다. 이러한 이유 때문에 이 장치는 다른 습식 세정장치와 연결되어 사용 될 수 있는 것이다.

화이버 베드 필터는 공기나 다른 가스 흐름의 매우 작은 물방울 입자를 제거하는데 사용된다. 이러한 입자는 크기가 100 ㎛에서 작게는 0.1 ㎛까지 존재한다. 1 ㎛는 0.001 ㎜이고 25400 ㎛는 1 in이다. 고체의 입자는 구형, 원통형, 사각형, 육각형 그리고 비대칭형 등의 여러 가지의 형태를 가질 수 있다. 그러나 액적은 오직 구 형태의 모양만이 존재하게 된다.

입자의 크기가 일정한 크기로 구성되는 경우는 드물다. 오히려 입자크기의 범위가 주어지는 경우가 많다. 그러므로 만일 어떤 사람이 입자 시스템을 설명하고자 할 때 각각의 입자의 크기에 대한 양을 정의하여야 한다. 이러한 것은 입경 분포로 알려져 있으며 이것은 어떤 크기를 기준으로 한 입자크기의 대표값의 균일성을 나타낸다. 입경이 큰 경우에 입자의 밀도는 입자의 특성을 규징짓는 요소이다.

그러나 입경이 작을 경우 입자의 관성력과 정착속도(setting velocity)가 더 중요한 요소이다. 입자가 작아질수록 밀도는 크게 고려되지 않는다.

입경의 분포는 몇 가지 다른 방법으로 나타날 수 있다. 가장 일반적인 방법은 주이진 크기 범위에서 입자수나 무게를 그 범위의 평균 입경에 대해 그래프로 그린 FD곡선 (Frequency Distribution curve)이다.

그림 2.1에서 곡선 A는 입경이 비교적 균일할 때의 전형적인 입경의 분포도이다. 곡선 B는 편중 분포된 것들 나타내며 곡선 C는 대표 입경이 1개 이상임을 나타낸다. 보통 이 세 가지 경우가 일반적이다.

그림 2.2는 누적 곡선을 나타낸다. 여기에서 수직축은 입경에 대하여 어떠한 정해진 입경 보다 크거나 작은 입자의 분율을 나타낸다.

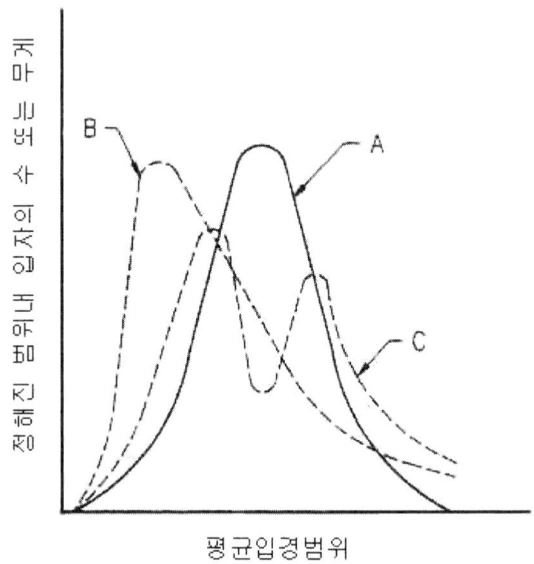

그림 2.1

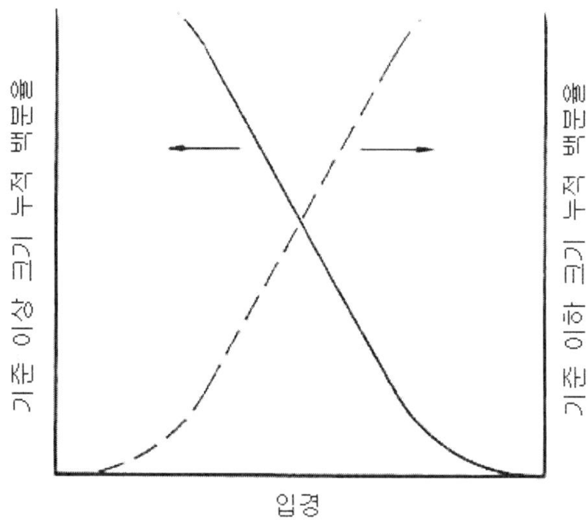

그림 2.2

입경 분포를 설명하는 세 번째 방법은 대수(log)도표를 이용하는 것이다. 입자의 숫자나 무게의 변화를 입경의 대수함수로 표시한다.

만일 입자의 물질이 대수변화 분포를 따르는 것이면 이것은 그래프에서 직선으로 표시될 것이다. 만일 입자가 대수변화 분포에 따르지 않는다면 그래프 상에서 곡선으로 표시될 것이다. 그러나 일반적으로 이러한 곡률은 매우 크지 않다. 입경 분포에 관한 정보는 이러한 세 가지 방법과 표의 형태로 제공된다. 사실 대부분의 입경을 결정하는 방법은 실제적으로 입자의 크기를 측정하는 것이다. 보통 입자의 다른 성질을 측정하고 전체적으로 맞거나 맞지 않더라도 다른 분석 또는 실험의 연계 방법에 의하여 입자의 겉보기 또는 유효 크기를 환산한다.

입자의 크기를 결정하는 방법은 다른 것을 행하는 것에 앞서 수행되어져야 한다. 3 ㎛이하 크기로 정의하는 미세 입자는 일반적으로 공기 오염을 이루는 가장 중요한 요소 중하나이다. 첫 번째로 이러한 미세 입자는 장기간에 걸친 부유 물질을 이루며 두번째로 빛을 차단 산란시키는 능력이 커서 스모그나 유해가스 문제를 발생시킨다. 그리고 큰 입자에 비교하여 상대적으로 중요한 것은 걸러지지 않고 바로 폐로 유입되어 건강상의 문제를 야기 시킨다는 것이다.

이러한 미세 입자의 물리적이고 화학적인 작용은 바로 선상과 직결된다. 이러한 입자는 많은 표면적을 가지고 있기 때문에 대기오염 가스상 물질을 이동시키는 역할을 하며 (흡수와 반응에 의하여) 건강을 해치는 생태학적 효과를 야기할 수 있다. 많은 미세입자는 금속성이어서 화학적 및 촉매적 반응을 한다.

어떠한 공정에서는 고체상이나 액상의 Hydrocarbon을 배출한다. 예를 들면 가스터빈의 윤활유 대기배출, 아스팔트 대기 배출, 스크러버 대기 배출, 인쇄공장의 휘발성 물질 배출 등이 있다. 일반적으로 이러한 Hydrocarbon 에어로졸은 직경 0.2~0.3 ㎛의 크기를 가진다.

황산을 생산하는 촉매 산화 공정에서는 매우 많은 양의 SO_3나 H_2SO_4의 유해한 에어로졸을 배출한다. 에어로졸의 입경 분포는 각각의 장치에서 발생하는 입자의 종류나 생산물에 따라 달라진다.

예를 들어 건조탑, 1차 흡수탑, 2차 흡수탑, 암모니아 스크러버에서 발생하는 입경의 분포는 각각 다르다. 또한 생산되는 산의 강도에 따라서 발생하는 입경의 분포도 달라지게 된다.

대개 오레움(OLEUM) 공장에서는 약 0.6 ㎛의 에어로졸을 배출한다. 그러나 넌 오레움(NON-OLEUM) 공장에서는 1~2 ㎛의 에어로졸을 배출한다. 이러한 모든 공장에서는 0.2~10 ㎛의 에어로졸을 배출할 수 있다. 발생되는 미스트의 양은 공장의 가동률에 따라 달라진다.

에어로졸의 양과 크기는 원재료에 따라 달라진다. 고품질의 황을 건조시키는 공장에서는 유기 황이나 산을 사용, 소각시키는 공장보다 미스트를 적게 발생시킨다.

일반적으로 화이버 베드필터 설치 전에 황산 공장은 굴뚝에서 두껍고 흰 산성 백연을 발생한다. 말할 것도 없이 이러한 황산미스트는 건강상의 중요한 문제를 야기한다.

화이버 베드 필터는 많은 산성 공장에서 사용되고 있으며 이러한 문제에 대하여 만족할 만한 결과를 나타내었다. 전달 단위, N_t는 필터의 효율을 나타내는 편리하고 일반적인 방법이다.

표 2.1 전달계수와 효율의 관계

전달단위 (Nt)	효율 (eff)
.1	9.5
.5	39.4
1	63.2
2	86.47
3	95.02
4	98.17
5	99.4
6	99.75
7	99.91
8	99.97
9	99.9877
10	99.9955

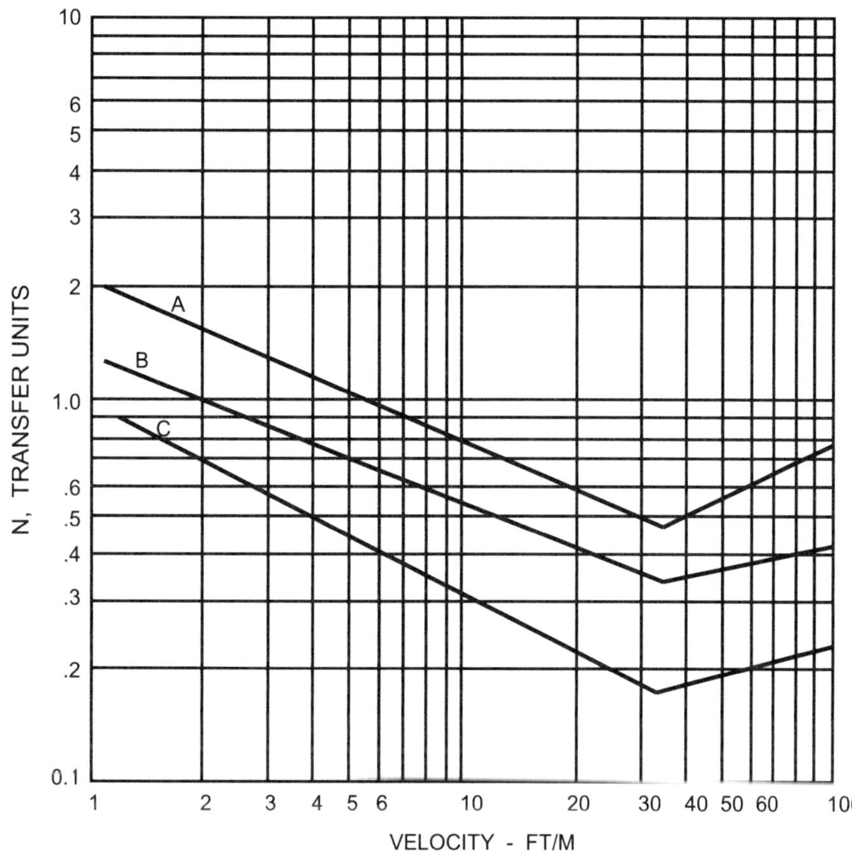

그림 2.3 화이버 속도 직경, 밀도에 따른 속도와 전달 단위 변화

$$N_t = \ln\left(\frac{1}{1-eff}\right) \tag{1}$$

전달계수는 흡수탑의 성능을 설명하는데 자주 이용된다. 전달계수 N_t와 연관된 효율과의 관계가 표 2.1에 표시되어 있다. 그림 2.3은 화이버의 직경와 밀도에 따른 속도와 전달 단위의 변화를 나타낸다.

C곡선은 굵은 화이버 직경과 저밀도를 표시한다.

A곡선은 미세 화이버 직경과 밀도를 나타낸다. B곡선은 중간 화이버 직경과 중간 정도의 밀도를 나타낸다.

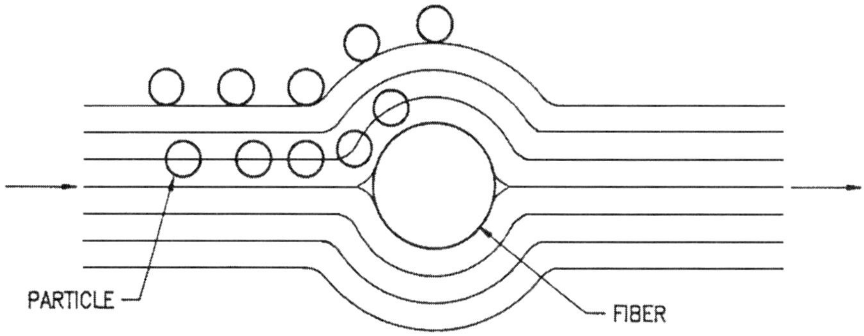

그림 2.4 입자차단

2.1 직접 차단에 의한 집진

질량이 거의 있지 않은 아주 작은 입자는 관성력이 작용하지 않고 화이버의 주위로 흐르면서 유선의 중심을 따른다. 만일 입자의 직경이 d_p라면 중심부가 Fiber 표면에서 $d_p/2$ 이하로 접근 하였을 때 포집 화이버와 만나게 된다. 이러한 효과를 유선 또는 직접 차단이라 부르며 그림 2.4에 나타나 있다.

2.2 관성 차단에 의한 집진

큰 입자는 유체의 흐름을 막고 있는 화이버의 방향으로 흐르면서 화이버 주위로 흐르는 유선을 따라 이동하지 않는다. 그것의 무게로 인한 운동량 때문에 원래의 방향으로 운동하려는 경향이 있다.

이것은 그림 2.5에 나타난 바와 같이 유선을 따라 이동하지 않는다.

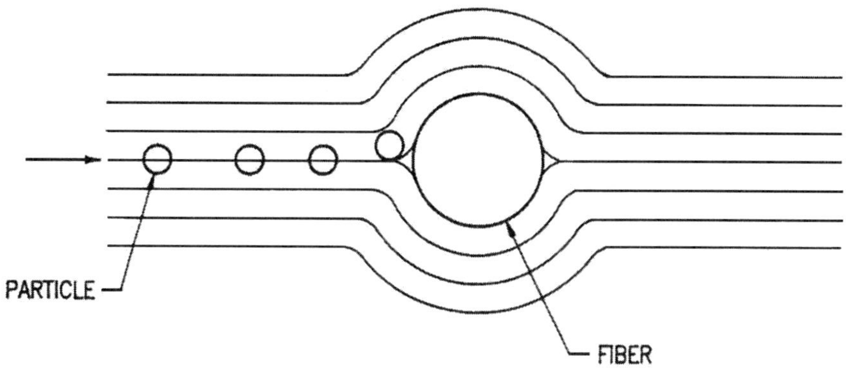

그림 2.5 입자의 관성충돌

2.3 입자의 브라운 운동에 의한 집진

이러한 현상은 브라운 운동에 의한 확산이라고 불린다. 이것은 화이버 베드 필터에서 1 ㎛이하의 작은 입자에 대한 중요한 집진 원리이다.

에이로졸 입자는 공기 분자와의 충돌에 의하여 심한 불규칙적 운동을 한다. 아인슈타인은 1905년에 이러한 불규칙한 운동을 설명하기 위하여 다음과 같은 방정식(2)을 만들었다.

$$\Delta s = \sqrt{\frac{4RTC_c t}{3\pi^2 \mu N d_p}} \tag{2}$$

여기서

Δs = 시간동안 입자가 이동한 거리, t

R : 가스상수, 공기의 경우는 1545

T : 절대온도, ° Rankine

C_c : 커닝햄 보정 계수

μ : 공기점도, lb/ft/sec = 12.1×10^{-6} lb/ft/sec

N : 아보가드로 상수 = 2.76×10^{26} 개/lb mol

d_p : 입자의 직경, feet

t : 시간, sec

입자는 마치 가스가 고농도에서 저농도로 흐르는 것과 유사하게 농도가 큰 곳에서 낮은곳 으로 확산이 일어난다. 입자는 화이버 필터에 포집되고 화이버와 접촉하고 있는 공기의 입자 농도는 영(zero)가 된다. 그러므로 입자는 공기에서 화이버 필터쪽으로 이동되고 거기서 뭉쳐서 커진 다음 배출된다.

아인슈타인에 의하여 유도된 확산 계수는 다음과 같다.

$$D_V = \frac{RTC_c}{3\pi\mu N d_p} \tag{3}$$

여기서,

D_V = 확산 계수

μ = 가스의 점도

표 2.2 에서는 입경에 따른 커닝햄 보정계수(C_c), 변위(Δs)의 관계를 나타내고 있다. 작은 입자일수록 주어진 시간에 좀 더 많이 움직인다. 그러므로 필터에 부딪힐 확률이 더 높아지고 공기 흐름으로 제거된다. 에어로졸의 집진 효율을 나타내는 방법은 원자력 에너지 연구소의 Hanford Atomic Bomb Work에 의하여 개발되었다.

이것은 1 ㎛이하의 입자에 대하여 실험적으로 나타났으며 포집 효율은 다음과 같이 표시 된다.

표 2.2 입경에 따른 커닝햄 보정계수

Particle Diameter in Microns	Cunningham Correction Factor, C_c	Displacement in 1 sec in Microns
0.1	2.88	29.4
0.25	1.682	14.2
0.5	1.325	8.92
1.0	1.165	5.91
2.5	1.064	3.58
5.0	1.032	2.49
10.0	1.016	1.75

$$eff = 1 - 10^{-DF} \tag{4}$$

여기서는 DF는 비오염계수(Decontamination Factor)를 나타낸다. 한편, 비오염계수(DF)는 필터의 물리적 치수의 함수로 다음 방정식(5)에 의하여 구할 수 있다.

$$DF = \frac{C \quad L^a B^b}{V^c} \tag{5}$$

여기서,

L: Filter 두께, in

B: 밀도, lb/ft^3

v: 공기 속도, ft/min

C,a,b,c 각각의 필터의 직경에 대하여 실험적으로 구해지는 상수이다. 그림 2.6은 각각의 필터 직경에 대한 특징을 나타낸다. 이것은 같은 필터의 직경에 대하여 밀도가 증가할 때 속도와 DF와의 관계를 나타낸 것이다. 이것은 밀도가 증가할수록 효율이 증가함을 나타낸다. 표 2.3은 다양한 DF값에 대하여 효율값을 나타낸 것이다.

만일 1개의 화이버에 대한 성능을 실험적으로 결정하였다면 C,a,b,c가 결정될 수 있다. 이러한 값을 알 경우 화이버의 두께, 밀도, 속도에 대한 성능을 예측할 수 있다.

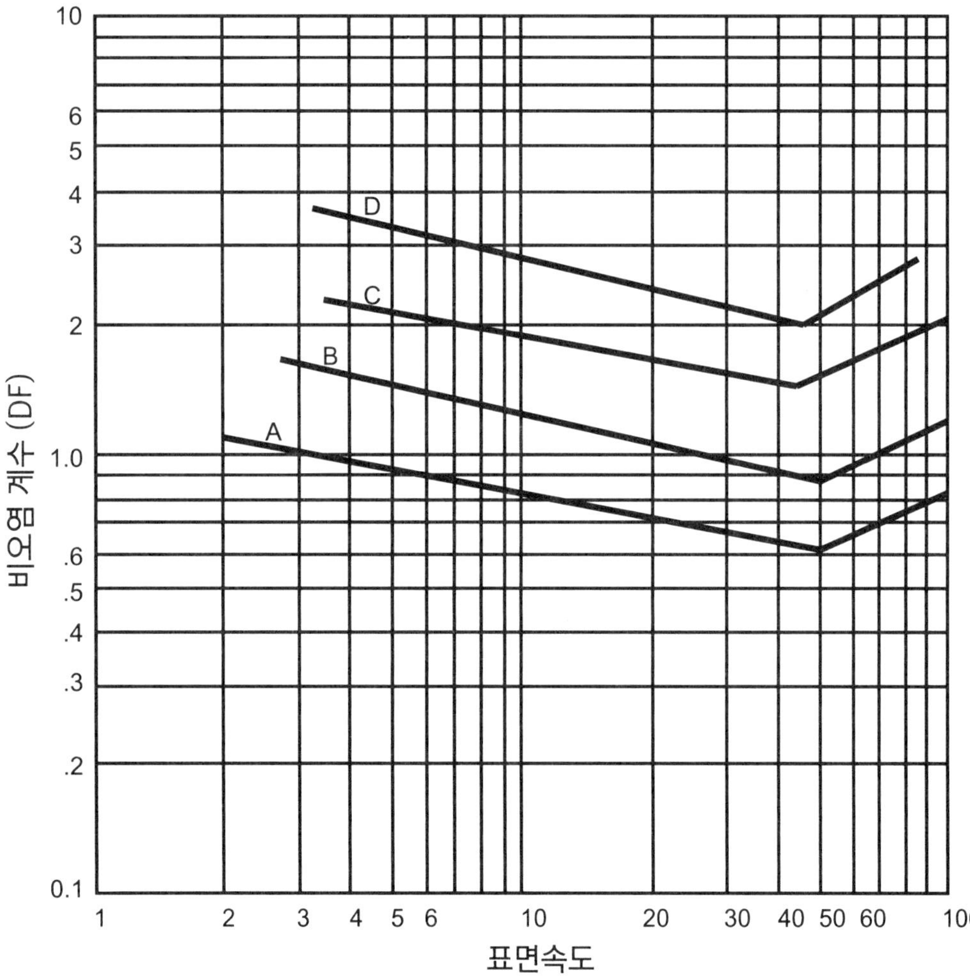

그림 2.6 일정한 화이버 직경과 다양한 밀도에 있어서 비오염계수(DF)와 표면속도 관계(곡선 A는 최저밀도이고 곡선 D는 최고밀도 임.)

표 2.3 DF에 따른 효율

비오염계수 (DF)	포집 효율
.1	.21
.5	.68
.8	.84
.9	.87
1.0	.9
1.5	.97
2.0	.99
2.5	.997
3.0	.999
3.5	.9997
4.0	.9999
4.5	.99997
5.0	.99999

2.4 압력 손실

깨끗한 필터의 압력 손실은 두께, 공기의 속도, 화이버의 직경, 밀도, 공기의 밀도, 공기의 점도의 함수로 표시된다. 압력 손실을 나타내는 일반화된 식은 다음과 같다.

$$\Delta P = 8C_f \mu V_o L_f (1-\epsilon) D_b^2 \tag{6}$$

여기서,

C_f = 실험적으로 결정된 상수, ϵ 과 N_{Re}의 함수

μ = 공기의 점도

V_O = 공기의 속도

L_f = 필터의 두께, in

ϵ = 공극률, (밀도)

D_b = 화이버의 직경

그림 2.7, 2.8 및 2.9는 동일한 화이버 직경에서 밀도가 변하는 경우 압력손실과 속도와의 변화를 나타낸 것이다. 앞에 언급된 참고서적 중 원자력 에너지 연구소에서의 보고서 중에서 Blasewitz et al. 는 압력손실의 공식을 다음과 같이 나타내었다.

$$\Delta P = K\, L^{x} \rho^{y} V^{z} \tag{7}$$

여기서,

P : 압력손실, in.water

K : 실험적으로 결정된 각각의 화이버에 대한 상수

ρ : 밀도

X=1 일 때 압력 손실은 속도와 정비례 관계임을 알 수 있다. 이 공식은 정상상태의 온도와 압력의 공기에 대한 것이다. 높거나 낮은 온도, 혹은 압력에 대해서는 반드시 보정이 이루어져야 한다. y의 값은 일반적으로 1.5~1.6을 취하며 z의 값이 1이 되면, 이는 압력 손실이 속도와 비례함을 나타내는 것이다.

일반적으로 화이버의 직경이 작을수록 압력 손실은 높게 나타난다. 그림 2.7, 2.8 및 2.9에 나타난 곡선들은 여러 가지의 다양한 속도와 밀도에 대하여 각각의 화이버에 관한 것을 그려 놓은 것이다. 위에 나타난 공식들과 그래프는 깨끗한 필터 상태의 조건이다. 에어로졸이 필터에 집진됨에 따라 압력 손실은 증가한다. 이러한 압력의 증가분은 공기 흐름 안의 에어로졸 미스트의 양, 액체의 밀도, 액체의 점도, 액체의 표면장력의 함수이다.

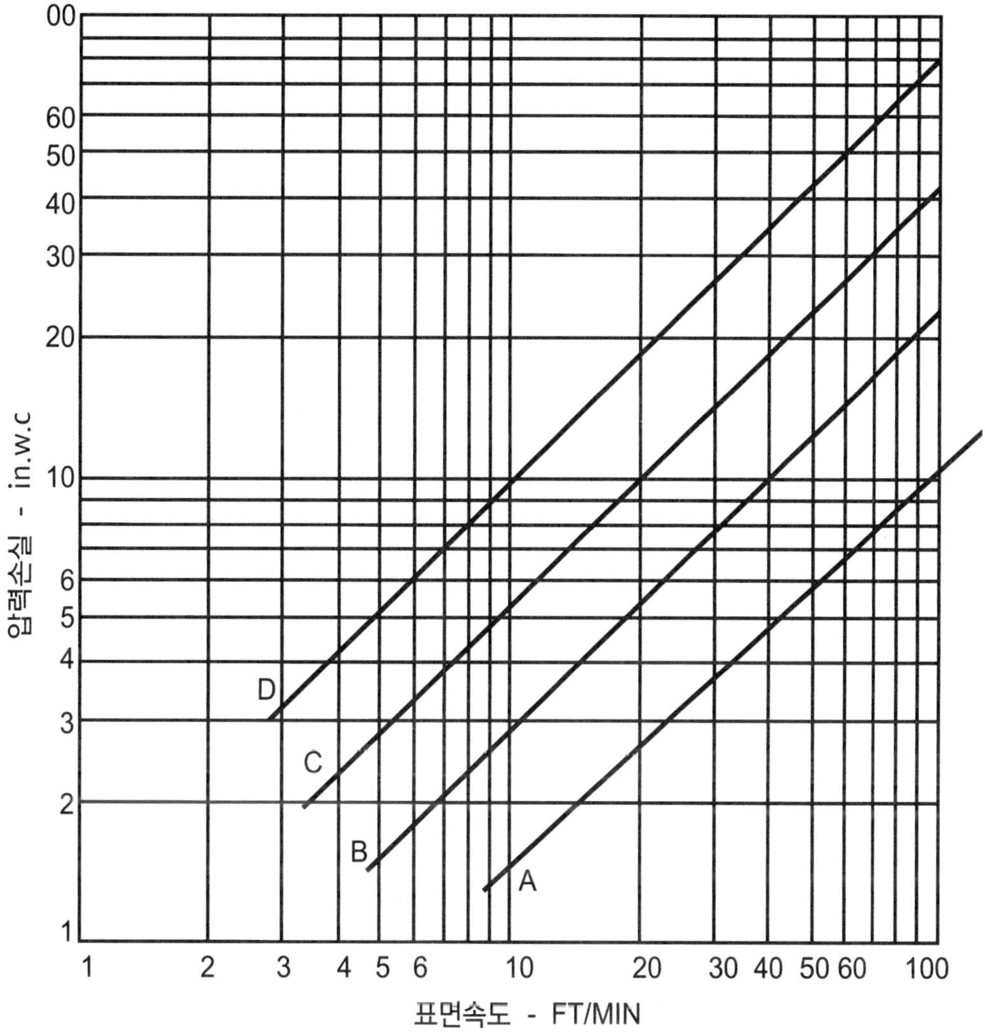

그림 2.7 동일한 화이버 직경과 다양한 밀도에 있어서 속도와 압력손실 관계
(곡선 A는 최저밀도, 곡선 D는 최고밀도임.)

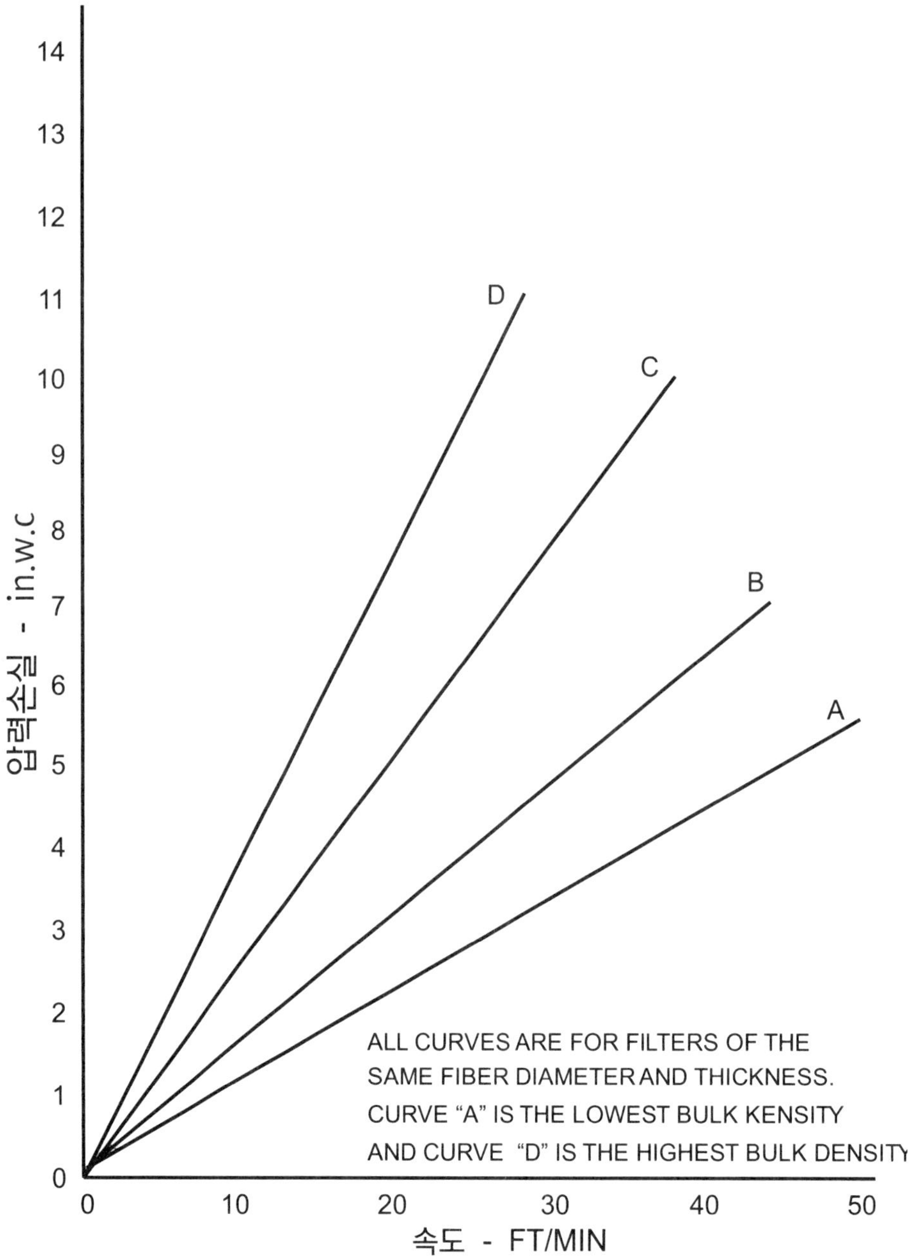

그림 2.8 동일한 화이버직경과 휠터 두께에서 밀도 변화에 따른 속도와 압력손실 관계(곡선 A는 최저밀도, 곡선 D는 최고밀도임.)

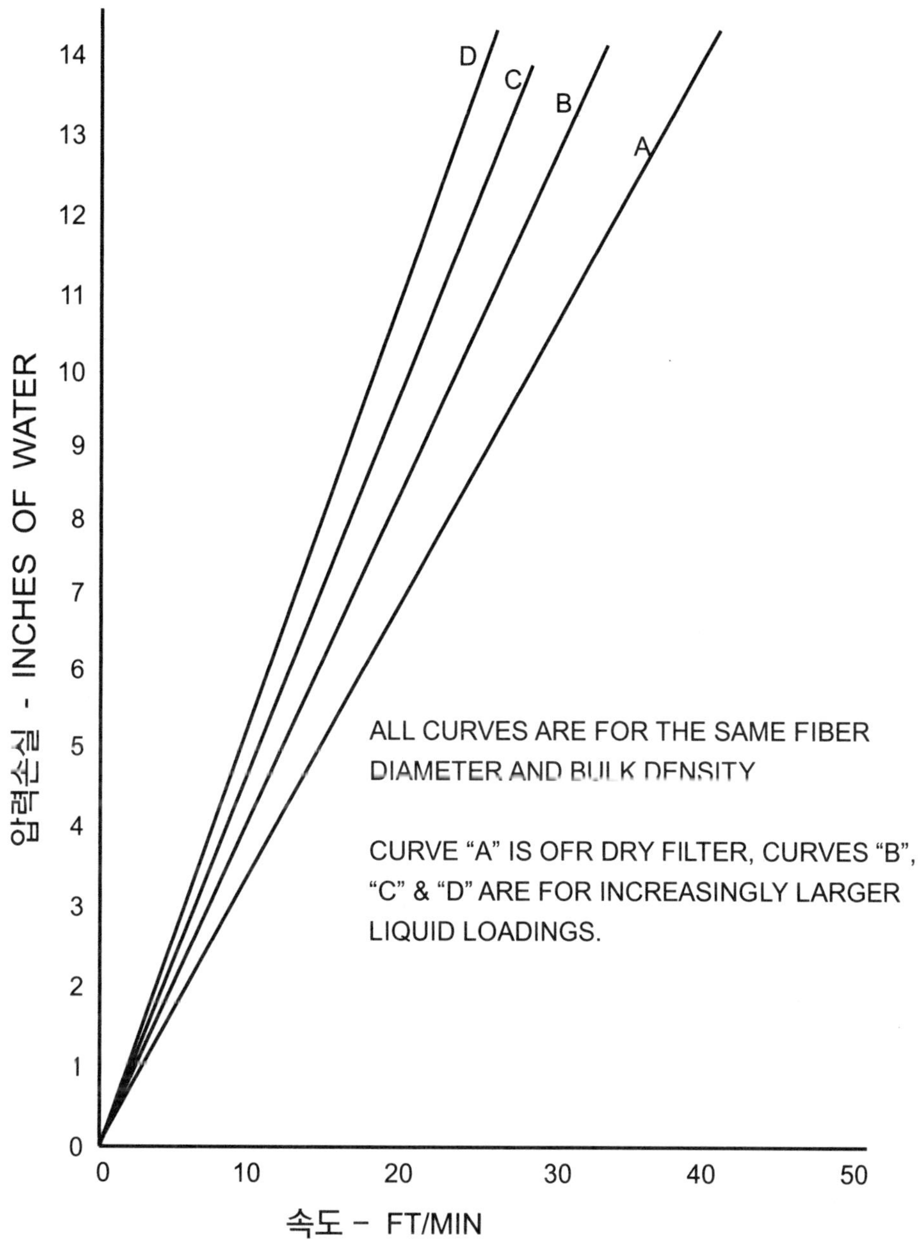

그림 2.9 동일 화이버 직경과 밀도에서 상태에 따른 속도와 압력손실 관계
(곡선 A는 건조상태, 곡선 B,C,D는 점점 액 부하가 커지는 상태임.)

2.5 재 비산

젖은 필터를 통과하는 1200 ft/min이나 그보다 높은 속도를 갖는 공기의 흐름은 필터의 표면의 물방울을 재 비산 시킬 수 있다. 이것은 긴 휠타의 외부에서 내부로 공기가 흐르는 경우에 더욱 분명하게 나타난다. 모든 공기는 결국 필터의 출구에서 배출된다. 예를 들어서 16 in. × 12 in.의 필터를 가정하여 보자. 개구의 면적은 다음과 같다.

$$\frac{\pi}{4}(1)^2 = .7854 \quad ft^2$$

$$.7854 \times 1200 = 942 \quad cfm$$

이것이 16 in × 12 in의 필터가 외부에서 내부로 흐르는 유량 중 조절할 수 있는 최대량이다. 예를 들어 필터를 가로지르는 속도가 20 ft/min이라면 필터의 내부 표면적은 $942 \div 20 = 47 \ ft^2$이다 그러므로 filter의 최대 길이는

$$\frac{47 \ ft^2}{\pi \times 1} = 14.96 = 15 \ ft$$

분당 20 ft의 속도는 압력 손실을 고려하여 결정된 것이다. 그러면 다시 24 in×20 in의 filter를 가정하여 보자. 입구의 면적은 다음과 같다.

$$\frac{\pi}{4}\left(\frac{20}{12}\right)^2 = 2.18 \ ft^2$$

$$2.18 \times 1200 = 2618 cfm$$

외부에서 내부로 흐르는 공기의 최대량은 2618 cfm이 된다. 만일 filter에서 속도가 20 ft/min으로 선택되었다면 필터의 면적은 $2618 \div 20 = 131 \ ft^2$이 된다.

$$131 \ ft^2 = \pi\left(\frac{20}{12}\right)L$$

그러면 최대 filter의 길이 L은 25 ft로 나타난다. 보통 내부에서 외부로 공기가 흐를 경우 필터로부터의 재 비상의 문제는 발생하지 않는다.

이제 공기의 흐름이 10,000 scfm, 300°F이고 습구 온도가 125°F라고 가정하자. 공기가 Plasticizer는 보통 비닐 배출 공장에서 사용되는 Dibutylphthallate 7500개의 입자를 포함하고 있다고 가정하자. 이러한 Plasticizer는 유독한 푸른 연기(에어로졸)을 배출한다. 공기의 흐름에서 Hydrocarbon이 어떻게 제거되겠는가? Lange's Handbook of Chemistry에서 다음과 같은 공식을 얻을 수 있다. (Antoine equation)

$$\log VP = A - \frac{B}{T + C} \qquad (8)$$

여기서,

VP = 증기압, mmHg

A = 6.6398

B = 1744.2

C = 113.69

T = 온도, ℃

(8)의 공식은 다음과 같이 나타낼 수 있다.

$$\log VP = 6.6398 - \frac{1744.2}{T + 113.69} \qquad (9)$$

위의 식에서 온도의 값(℃)을 입력하면 증기압(VP)의 log값을 구한다. 그 다음 VP에 역log를 취하여 증기압을 구한다. 이의 계산값은 표 2.4에 나와 있다.

표 2.4 온도에 따른 증기압

T(℃)	log VP	VP (mmHg)	1/T (1/°R)
40	-4.71	1.95 × 10-5	.00177
50	-4.01	9.77 × 10-5	.00171
60	-3.40	3.96 × 10-5	.00166
70	-2.86	.0013	.00162
80	-2.36	.0043	.00157
90	-1.92	.0119	.00153
100	-1.52	.0300	.00149
150	.025	1.059	.001316

Rankine온도와 화씨, 섭씨온도는 다음과 같이 구할 수 있다.

$$°F = (1.8 \times ℃) + 32$$

$$°R = °F + 460$$

$$1/°R = 역수$$

관계된 값들이 표 2.4에서 4가지로 표시된다. 우리는 그림 2.10에 나타난 바와 같이 1/° R과 log VP와의 관계를 구할 수 있다.

필터 후단의 공기가 유기 플라스틱 당 최대 50 ppm의 입자를 가지고 있다고 가정하여 보자. 그러면 후단 공기의 증기압은 다음의 값보다 작아야 한다.

$$\frac{50}{1,000,000} \times 760 = 0.038 \ \ mmHg$$

$$\log 0.038 = -1.42$$

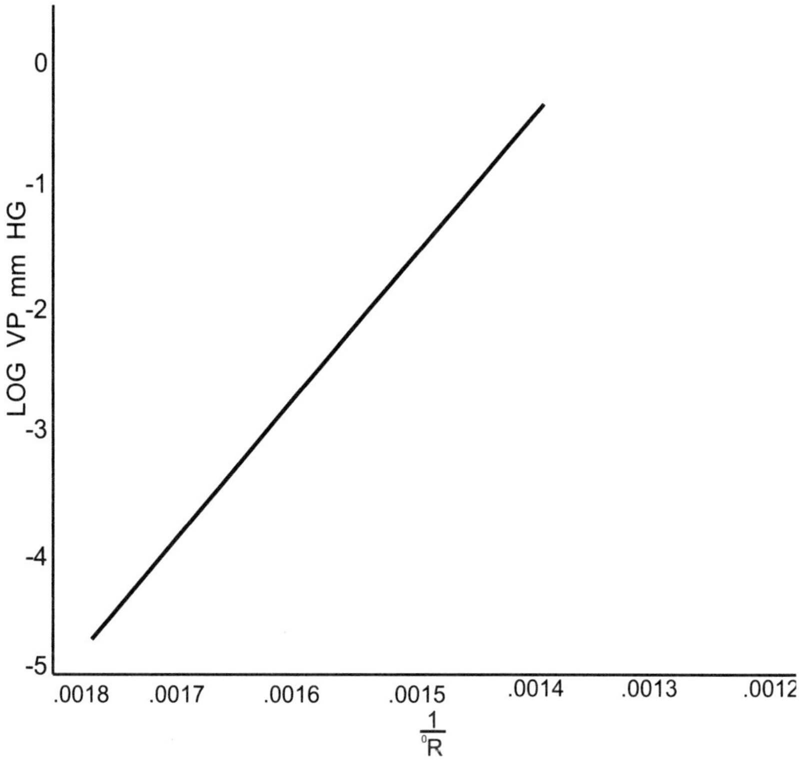

그림 2.10 온도와 증기압의 관계

그래프에서 log VP = −1.42 일때 1/°R = 0.001485임을 알 수 있다. 여기에서 °R =673°이고 F = 213°F이다. 그러므로 공기는 300°F에서 213°F로 냉각되어야 한다. 실제적으로 우리가 온도를 낮출수록 Plasticizer가 공기 중에 적게 포함되게 된다. 온도를 낮추기 위하여 일정량의 열이 제거 되어야 한다.

$$H = 10,000 \times 1.08(300 - 213)$$

$$= 939,600 \text{ Btu/hr}$$

감소된 온도에서 Plasticizer는 응축되어 에어로졸이 되어 CECO Filter에 의하여 제거된다.

이러한 열을 제거하는 방법은 두 가지의 방법이 있다 첫 번째의 방법은 매우 비싼 방법으로 스프레이를 이용하여 공기 중으로 냉각수를 분사 시켜 주는 것이다. 이러한 분사수는 공기 중에서 증발이 일어날 것이다. 각각의 lb당 물은 약 1000 BTU의 열을 흡수한다.

결과적으로 939,600=1000 W가 되는데 여기에서 W는 시간당 증발되는 물의 양을 나타낸다.

$$W = 939.6 \text{ lb/hr}$$

$$\frac{(939.6 \text{ lb/hr})}{(8.33 \text{ lb/hr})(60 \text{ min/hr}))} = 1.88 \text{ gal/min} \quad \text{evaporated}$$

$$10{,}000\text{scfm} = 45{,}000 \text{ lb of air per hour}$$

300°F, 125°F wet bulk의 공기는 건조 공기의 lb당 0.05 lb의 물을 포함하고 있다. 공기가 증발되는 물에 의하여 냉각이 될 때 (단열냉각) 공기 중의 수증기의 농도는 냉각되는 습구온도를 따라 증가하게 된다.

$$\frac{939.6 \text{ lb of water/hour}}{45{,}000 \text{ lb of air / hour}} = \frac{0.021 \text{ lb of water add}}{\text{lb of dry air}}$$

$$0.021 + 0.05 = 0.071 \text{ lb of water per lb of dry air}$$

위에서 보여준 바와 같이 213°F에서 건조 공기 1 lb당 0.071 lb의 물방울이 포함되게 된다. (그림 2.11의 psychrometric chart를 참조) 이것은 이슬점인 116°F와 연관된다. 추운날씨에서는 이러한 습기는 대기 중으로 배출되면서 응축되게 된다. 이것은 공기 중에 존재하는 50 ppm의 plasticizer에 의해 백연문제 을 일으킬 수 있다.

비싸기는 하지만 좀 더 좋은 방법은 냉각수를 이용한 열교환기를 이용하는 것이다. 이러한 경우에 공기의 온도는 300°F에서 213°F로 동일 수증기 이슬점을 따라서 이동한다.

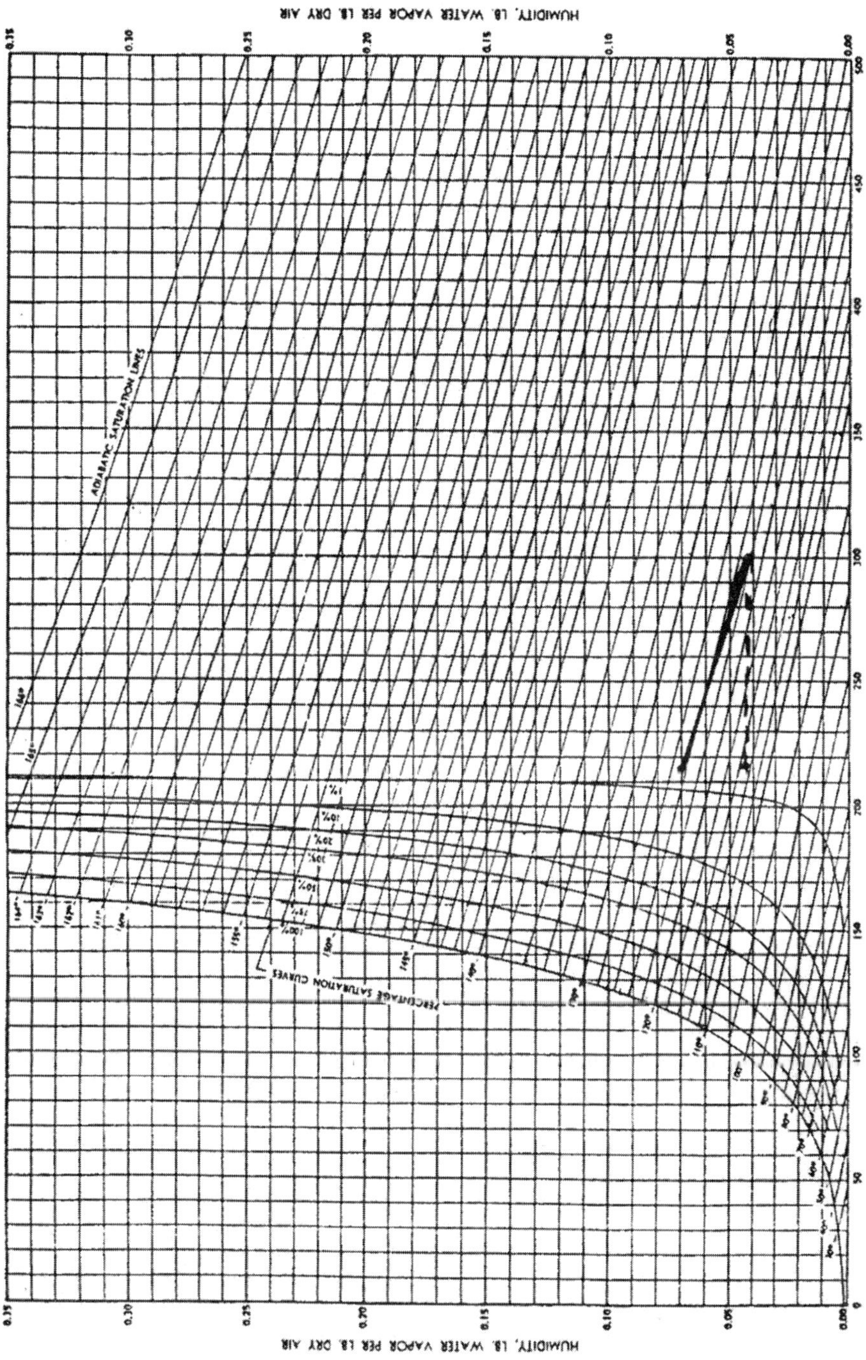

그림 2.11 Adiabatic saturation lines and percentage saturation curves (temperature range 0 to 500°F; pressure, 29.921)

이것은 공기 중의 수증기의 농도를 증가시키지 않는다. Plasticizer는 응축되어 배출되고 CECO Filter에 의하여 제거된다. 사용될 냉각수의 양은 냉각 부하와 코일에서의 물의 온도의 상승 치에 따른다. 이러한 경우에 처음의 이슬점은 최종 이슬점과 같게 되어 약 105°F가 된다. 이런 공기도 또한 차가운 대기 중으로 배출되면서 응축될 수 있으나 전자의 경우에 비하면 백연은 상당량이 줄어들게 된다.

공기 중에 물을 분사하여 냉각하여 공개를 냉각 및 제습하고자 하면 낮은 온도의 충분한 양의 물이 있어야 한다. 물의 온도는 증가하게 되고 공기 온도와 공기 중의 수증기의 농도는 감소하게 된다. 만일 이러한 물을 재순환 시킨다면 온도는 습구온도에 이르게 되고 습구 온도선을 따라 공기는 차가워지고 습해진다.

3 스크러버 응용

3.1 소개

독자들에게 특정 자료들을 주기 위하여 수많은 전형적인 스크러버의 설계에 대하여 이 장에서는 다루고자 한다. 스크러버 설계와 관련된 일반적인 자료는 산업 현장에서 적절히 사용되는 것과 유사하다. 각각의 단원은 마지막 부분에 주석과 함께 '응용 설계지침'표를 놓았다 표 3.1은 응용설계지침표의 한 예이다.

3.2 아스팔트 공장 스크러버

고온 혼합 아스팔트 공장을 가지고 있는 소유주는 1970년 청정 공기헌장의 법규에 따라 스크러버를 설치했다. 스프레이 챔버, 사이클론 스크러버 에서부터 벤츄리스크러버에 이르기까지 많은 장치들이 이동식과 고정식 아스팔트 공장에 응용되었다.

자갈 건조기에서 배출되는 가스는 1 ㎛ 이하 (이러한 크기는 보통 10%이하)의 입자를 포함하고 있으며 대부분의 입자는 10~80 ㎛(약 70~80%)의 크기로 존재한다. 따라서 제거하기 어려운 미세 입자보다는 제거하기 쉬운 큰 입자의 제거에 주력하였다. 그래서 여러 가지 형태의 스크러버의 형태가 존재하게 되었다.

큰 입자를 제거하는 것은 매우 간단하다. 스프레이 챔버로 인입되는 입자의 크기가 10~80 ㎛일 경우 콘(full cone) 형태의 노즐을 사용하여 간단하게 물만 분사해도 약 95%이상 제거 할 수 있다. 많은 건조로는 인입 물질이 소량의 미세 입자 (3~4%)만을 발생 시키는 경우 환경 규제에 맞출 수 있다. 이러한 양이 증가할 때는 규제치를 맞추기가 어려워진다. 단순한 스프레이 챔버는 어떠한 경우에서든 이러한 입자를 30~40%이상 제거하는 것이 어려워진다.

적수는 첨가제(wetting agent)가 사용되기도 하고 액기비를 높이기도 하지만 대부분의 경우는 성공적이지 못하다. 그리하여 좀 더 많은 양의 이러한 입자를 제거하기 위하여 사이크로닉 스크러버가 사용되곤 한다. 그러나 불행하게도 이러한 관성 장치는 미세 입자에 대하여 50~70%의 효율 밖에는 가지지 못한다.

압력 손실이 10 in.w.c. 근처에서 가동될 때는 이러한 요구에 효율을 맞추거나 초과한다. 그러나 이렇기 위해서는 접선 인입되는 가스의 속도가 매우 높아야(120 ft/sec이상.) 하므로 장치는 급속히 끌고 가는 기구가 되어야 한다. 큰 입자의 대부분은 제거된다. 그러나 제거하기 어려운 미세 입자를 제거하기 위해서는 추가로 많은 에너지의 소모가 필요하다.

그러므로 벤츄리 스크러버가 가끔 이용되기도 한다. 1968년에서 1976년 사이에 폴리곤사(PolyGon Corporation 현재 Koppers 환경사업부)에서는 아스팔트 공장에서 이용되는 이러한 벤츄리스크러버를 60여개를 공급하였다(그림 3.1).

벤츄리는 개방식 헷더를 가지고 있고 중력식의 호퍼(hopper)가 있어 이런 건조기에 사용되는 전형적인 사각 바지가랑 모양과 맞도록 되어 있다. 이 장치는 막힘 현상이 일어나는 스프레이 노즐을 가지고 있지 않으며 대신에 간단히 사각형벤츄리(때때로 가변식, 특히 압력조절 기름 연료 사용하는 경우)를 가지고 있고, 마모를 방지하기 위하여 부유엘보(flooding Elbow)를 가지고 있다. 그리고 사이클론 분리기에 연결되어 있다.

표 3.1 응용설계 지침

Type of Scrubber	General wet scrubber type typically employed
Throat	If venturi scrubber, type of throat(annular, rectangular, etc.)
Actuation	For adjustable throats, manual or automatic
Materials	Typical construction materials
Access Ports	Location and type recommended
Pressure Drop	Common pressure drop
Outlet Grain Loading	Loading obtainable at listed pressure drop
Inlet Temperature	Common inlet temperature
Outlet Temperature	Common outlet temperature
L/G	Common liquid-to-gas ratio, gal/1,000 ft3 of gas
Droplet Control	Separators, wear plates, etc.
Separator Type	Cyclonic, mesh pad, combination, vane, etc.
Inlet Velocity	Typical inlet velocities
Outlet Velocity	Common outlet velocities
Test Method	If special testing is required, list here
Special Considerations	Any special requirements of this application

그림 3.1 아스팔트공장 스크러버 (PolyGon사)

일부는 수평형이고 나버시는 수식형 이다. 삭삭은 폰느(pond)에서 약 6~8 gal/min의 순환수를 공급한다 벤츄리 압력손실은 입, 출구 연결 부 손실을 포함하여10~18 in. w. c 이며 분리기에서의 압력손실은 2~3 in.w.c.가 된다.

그림 3.2는 효율을 나타낸 것이다.

목부분은 1/4 in 두께, 그 외는 3/16 in 두께의 연철(mild steel)을 사용한다. 일부의 싸이클론형 분리기에서는 교체 가능한 마모 라이너(wear line)를 사용하고 벤츄리에서의 목 부분은 플랜지로 연결되어 교체 가능하도록 만든다. 이러한 부품은 마모가 잘 일어나는 부분이다.

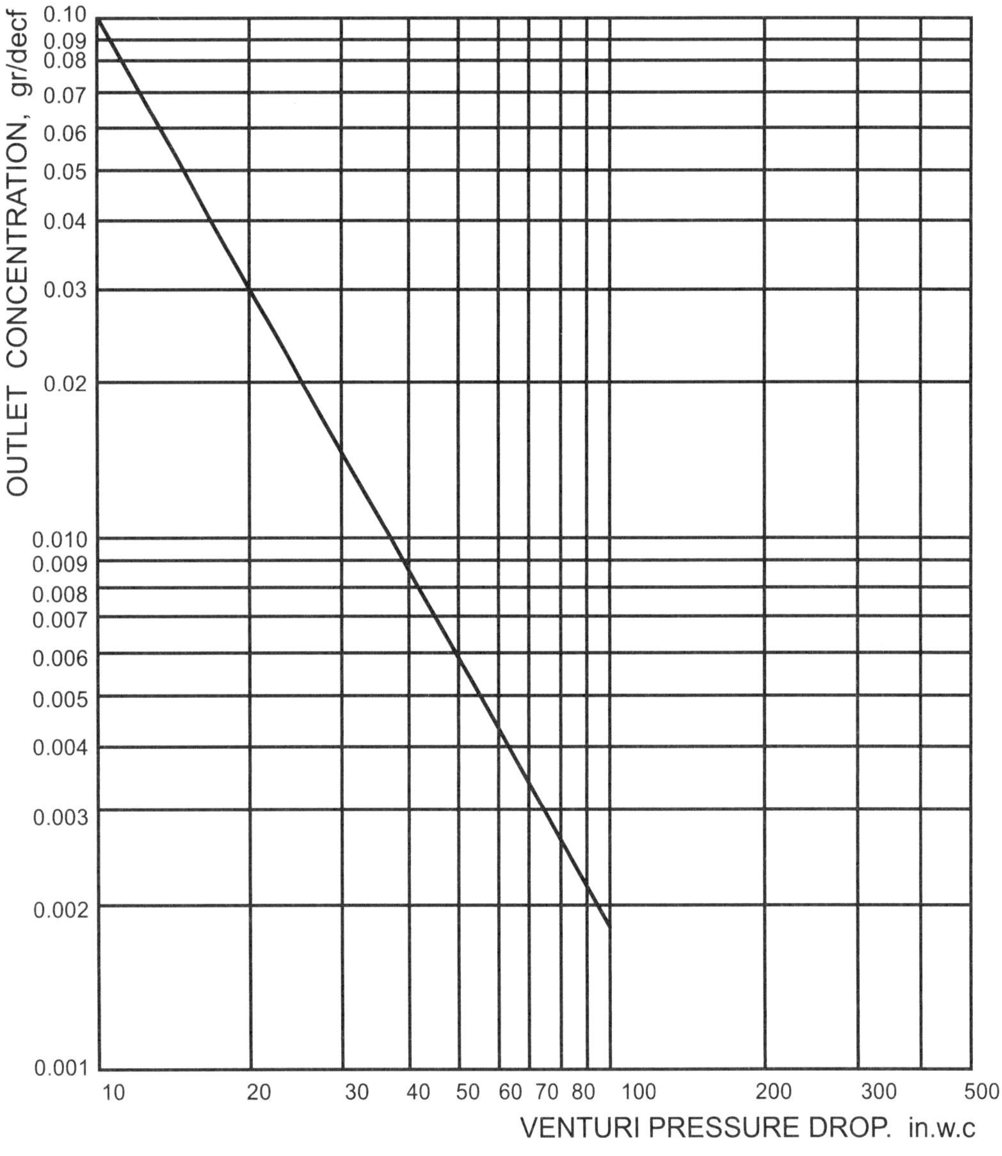

그림 3.2. 아스팔트 공장 벤츄리 스크러버이 효율

세부적인 설계에는 분리기 물저장 탱크(sump)에서 공동현상을 방지하기 위한 소용돌이방지 배플을 설치하고 마모성물질이 인입되는 경우 휀 마모를 최대한 방지할 수 있게 설치위치를 청정 가스쪽에 놓고 순환수 펌프외는 개방형 임펠러(때로 고무라이닝)를 사용하고 벤츄리 목부분에서의 차압 또는 압력계 등을 설치한다. 간단한 시설에서는 휀을 스크러버 전단에 놓지만 제품회수 싸이크론(주조 원형 멀티싸이크론 이거나 일반적인 다수의 싸이클론)은 후단에 놓아서 굴뚝을 스크러버 상단에 놓도록 한다.

휀들은 직선 래디얼 날개의 원심력형, 패들휠(paddle wheel)설계, 휠제거용 하우징, 청소용 분사장치 및 배출구 등을 갖춘다.

이와 같은 우수 설계 목적은 장치가 엄청 많은 보수가 필요하다 할지라도 가능한 다음 보수까지 기간을 길게 하면서 무감시하에서 운전이 되도록 하는 것이다. 이러한 설계에서 인입 먼지의 부하는 마모성 분진 10 gr/scf를 초과할 수 있다. 스크러버의 세정액은 물 손실량을 줄이는 목적으로 재순환한다. 따라서 고체의 농도가 10% (무게비)가 된다. 그러므로 모든 물공급 헤드는 개방형이고 벤드(bend)나 막다른 부위(dead end)의 숫자는 최소화한다.

어떤 운전자는 유지 비용과 마모를 감소시키기 위하여 세정수 회로에 고무호수 연결구를 사용한다. (내마모성으로는 천연고무가 최고 호스이다.)

배출구는 액속도가 2.4 ft/sec가 되도록 크기를 정하고 분리기에 최소 1개 18 in 맨홀을 두어서 충분히 들어갈수 있도록 한다. 만일 공장이 구형 싸이크론 공기청정기가 있다면 그것으로 분리기를 만든다. 수직속도는 가능한 10 ft/sec이하가 되도록 해야 한다.

굴뚝이 분리기 상단에 설치된다면 배출 되는 가스의 속도는 30 ft/sec보다 작은 것이 적당하다. 높은 속도는 동반비산(carryover)를 일으킬 수 있다.

만일 세정수가 폰드(pond)로 보내진다면 회수 라인은 부유 고체의 역류를 방지하기 위하여 배출라인에서 가능한 멀리 떨어져 있어야 한다. 공간상의 제약이 있는 설치에서는 U형의 폰드(중간에 분리벽을 놓아)를 이용한다. 이는 액체가 흐르는 거리를 길게 설정하기 위한 것이다. 그러나 이 경우에는 그림 3.3에 나타난 바와 같이 배출라인과 회수라인은 파이프 길이를 줄이기 위해 서로 가깝게 유지되게 된다.

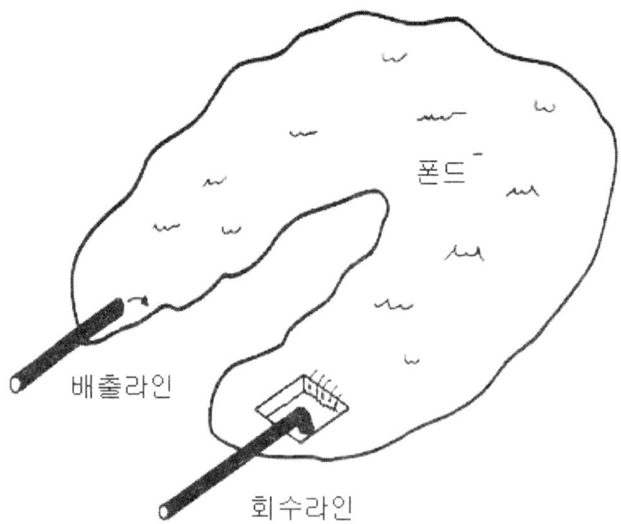

그림 3.3. 폐수 폰드

펌프는 보통 12 gal/1000 acf이상의 용량을 가진다. 이러한 펌프는 보통 벤츄리 스크러버에서 10 in.w.c. 이상의 압력손실을 갖도록 조절하는 기능을 한다. 이것은 편차로 인한 목부분에서 면적의 감소에 따라 발생하는 압력손실의 약 10~15%를 조절한다. 유량은 ft^3/sec로 계산이 되며 목 부분에서의 속도에 의하여 나뉘어 진다. 이렇게 구한 것이 물에 의한 면적 변화이다.

목 부분의 총면적에서 이러한 숫자를 뺀 것이 "정미유효면적(Net Effective Area)"이 된다. 그러면 이러한 속도와 정해진 압력손실에서 요구하는 속도를 비교하여, 그 차이조정을 통하여 새로운 압력손실이 결정된다. 물의 경우는 비압축성 유체이기 때문에 가스의 속도의 증가는 물의 속도의 증가를 가져오지 않기 때문에 물의 속도와 가스의 속도는 약간의 차이가 있음에 주의하여야 한다.

다른 스크러버는 조절 가능한 댐퍼 블레이드(damper blade)를 목으로 사용한다. 이것은 속도를 변화시킬 수 있어서 압력손실을 조절할 수 있다. 이것의 추가적 장점은 휀이 초기가동 할 때 닫아서 버너의 통풍량을 감소시킬 수 있는 것이다. 기름을 사용하는 건조로에서 이러한 기능은 매우 중요하다.

목은 일반적으로 외부에서 레버나 핸들을 사용하여 수동으로 조절한다. 고정핀이나 볼트로 목을 적절한 위치에 고정시킨다. 자동으로 목을 조절하는 것을 사용할 때는 압력손실 감지장치를 이용한다. 이는 건조로의 압력과 대기 또는 벤츄리의 압력손실을 비교 측정하고 이러한 정보를 목 부분의 축에 부착된 위치조절장치에 밀리볼트(mV)나 밀리암페어(mA)로 신호를 보낸다. 버너를 가동하기 위해서는 전체적인 확인이 필요하다. 일반적으로 위치 조정기는 스프링 힘으로 복귀되는데 완전히 열려지면 복귀가 안 되어 고장이 발생하여 오염가스가 그대로 배출되기도 한다.

스크러버에서의 차압계, 액 헷더(liquid header)의 스누버(snubber)에 부착된 압력계 (특히 스프레이 노즐을 포함한 header), 수관의 유량계 (막힘현상, 펌프 고장, 유량의 감소를 표시), 배출가스의 온도계(원형 써모메타)등 최소한의 계장이 필요하다. 만일 배출온도가 비정상적으로 높아진다면 운전자는 벤츄리나 사이크로닉 스크러버가 적절하게 가스를 포화시키지 못한다는 것을 알아야 한다.

수평형식의 벤츄리 스크러버는 액체의 분산에 약간의 어려움이 있다. 많은 경우들에서 동일량, 균일한 분사형태를 갖춘 점진형(approach type)을 사용한다. 풀콘형(Full cone type) 한개의 대형 노즐을 쓰면 가끔 수평 벤츄리 스크러버의

표 3.2 아스팔트 공장 스크러버 응용설계 지침

Type of Scrubber	Venturi with flooded elbow, cyclonic separator
Throat	Adjustable, rectangular, replaceable throat blade
Actuation	Manual or automatic on draft control, flame out open
Materials	Mild steel, 0.25-in. plate
Access Ports	In venturi elbow and separator
Pressure Drop	See graph in this section, 10-18 in. w.c.
Outlet Grain Loading	See graph, typically 0.05 gr/dscf
Inlet Temperature	250-500℉
Outlet Temperature	135-150℉ (lower if recycled from pond)
L/G	10-12 gal/scf
Droplet Control	Cyclonic separator with wear plate
Separator Type	Cyclonic
Inlet Velocity	50 ft/sec
Outlet Velocity	30 ft/sec with stack ; 60 ft/sec to fan
Test Method	Front catch of Method 5. If oil-fired, adjust burner before test to reduce carbon carryover

성능을 향상시키게 된다. 수평형식 벤츄리 스크러버의 목은 너비가 길이의 1/4를 초과하지 않으며 사각형의 상자형 보다 홈(slot)의 형태를 취한다.

이것은 목 부분에서 바닥을 흐르는 유량을 감소시키는 효과가 있다. 목 부분을 길게해야 하는 경우는 수직 스크러버를 사용하여 목 부분으로 접근하는 각도는 최소한 유지하여야 한다. 적절치 못한 수평 벤츄리의 가동은 세심한 개선을 통하여 고쳐질 수 있다. 좀 더 많은 자료를 알고 싶을 때는 National Asphalt Paving Association pamphlet을 참고하기 바란다. 표 3.2는 아스팔트 스크러버의 응용설계지침이다.

3.3 나무를 태우는 보일러에서의 스크러버

나무껍질이나 나뭇가지를 연료로 하는 보일러를 일반적으로 바크 보일러(Bark Boiler)라 한다. 또한 껍질을 포함한 다양한 폐 목재를 연료로 하는 보일러를 폐목 보일러라 한다.

화석연료를 보조연료로 하는 폐목 보일러는 혼합형 보일러라 한다. 분명히 사용연료에 따라 여러 가지 혼합되어 사용되는 경우가 있다. 연료의 혼합은 설계자에게는 매우 중요한 것이다. 중요한 고려사항은 다음과 같다.

(1) 나무를 모래가 많은 장소에서 잘랐나? 자른 후 바닥으로 끌고 왔나? 나무가 연무른(soft wood)가, 단단한(hard wood)가? 종이 만들려고 깎거나 통나무로 가공했나 또는 다듬어서 저장했나?

나무껍질의 규소성분은 껍질에 붙은 모래(sand)와 껍질 자체성분에서 온 것이다. 규소성분이 보일러에서 연소하면 배출오염농도를 높이는 모래 입자가 되고 굴뚝에서 보이는 미크론 이하 이산화규소가 된다.

단단한 나무가 무른 나무 보다 규소의 함량이 더 많다. 단 모래성분이 많은 지역에서 자란 연목은 제외된다. 많은 기존 보일러는 다중 튜브 집진기를 사용한다. 이것은 고밀도 규소를 제거하는데 효과적이다. 이 장치에서 포집된 재(ash)를 분석하면 포집 예상 규소 총량을 예상할 수 있다. 또는 굴뚝 시험으로 미세입자의 성분비(%)를 구할 수 있다.

저 에너지(4~6 in.w.c.) 포집장치는 5 ㎛이상의 규소나 숯 제거에 효과적이다. 미크론 이하의 이산화규소 흄이나 보조연료연소에서 발생되는 미세 산화물이 문제가 된다.

만일 껍질을 벗기기 전에 세워서 저장된 목재라면 때로는 최대 모래분진이 감소되는 이점이 있음을 알게 된다. 만일 껍질을 벗겨서 다듬어서 저장된 것이라면 일반적으로 모래 함량이 더 높다. 소금물에 부유 시킨 것이면 잔류 염소와 해수의 금속염에 의해 부식되고 연소 시 이에 분진이 발생한다. 따라서 정확한 입자 크기 분석은 필수적이다.

(2) 도막, 옹기부와 페목등을 연료로 쓰나? 총 연료 중에 이들의 차지하는 퍼센트는? 일반적으로 원목(cambium)을 태우면 숯이 된다. 껍질을 태우면 미세분진이 되는 경향이 있다. 기름을 보조연료로 쓰면 추가적으로 미크론 이하 먼지가 발생되고 알데히드와 다른 유기물의 형성으로 굴뚝시험에서 습포집량(wet catch)을 증가시킨다.

도막, 옹기, 압축 목재 조각을 태우면 숯의 배출량이 더 많아진다. 대부분의 목재 보일러의 대기오염방지시설은 건식 다튜브식 집진기로 5 ㎛ 이상의 숯을 제거하고 다음에 저-중 에너지 습식 장치로 이 나머지 입자를 처리한다.

(3) 만일 다튜브 집진기를 사용하면 숯이 재 주입되는가? 그렇다면 스크러버로 들어가는 미세 분진량이 많아져서 더 높은 압력 손실이 필요하게 될 것이다. 만일 다튜브장치 호퍼잠금장치가 새면 스크러버의 입자 부하가 늘어나서 배출농도를 맞추려면 더 높은 제거효율이 필요하다. 열량을 회수하기 위해 숯을 재 주입하는 장치에서는 폐쇄 싸이클로 하여 미세 먼지 함량을 높이는 경향이 있다. 일면 로더리 밀폐장치에서 마모가 증가한다.

N. C. ASI에서 최초 연구하여 숯 재 주입 문제를 분석했다. 출구 먼지 부하와 벤츄리 압력손실의 관계는 그림 3.4 및 3.5에 도시된 대로 McIlvaine Scrubber Manual에 설명되어 있다.

(4) 출구 배출 농도는 다음의 4가지 요소에 따른다.

· 재 주입 비율(%)

· 연료의 모래 성분

· 보조연료의 형태와 량

· 연료 중 수분량

최악의 배출은 숯 전부 재 주입시키며 석탄과 함께 해안에서 자란 젖은 무른나무 껍질을 태우는 보일러 경우이다. 최상은 재 주입 없이 가스를 보조연료로 한 건조된 단단한 나무를 연료로 하는 경우이다.

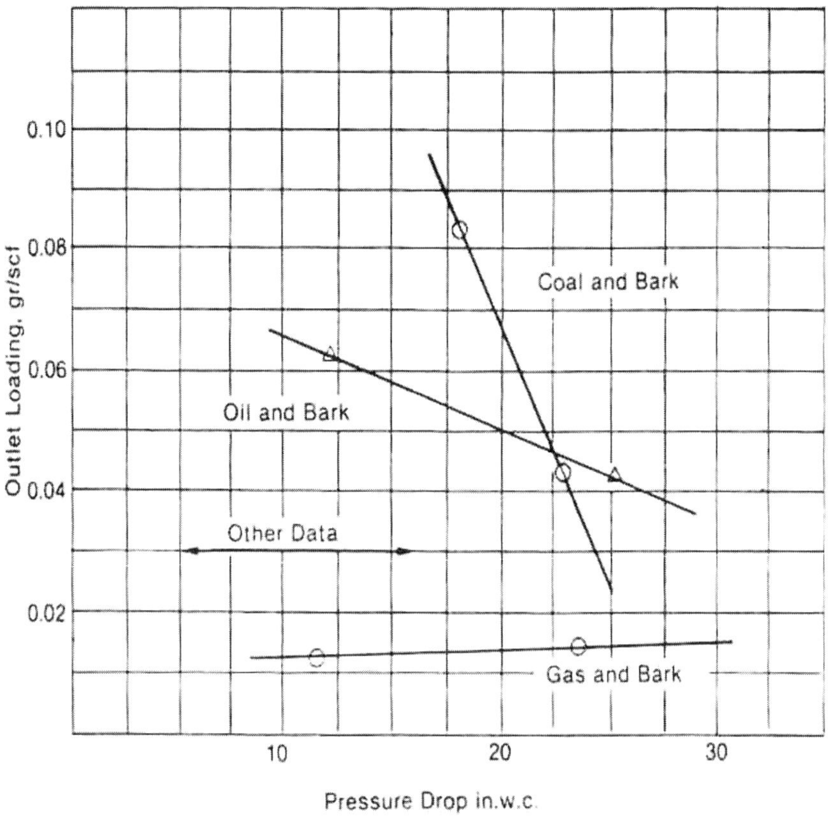

그림 3.4 목재 보일러에서 벤츄리의 효율과 압력손실 관계

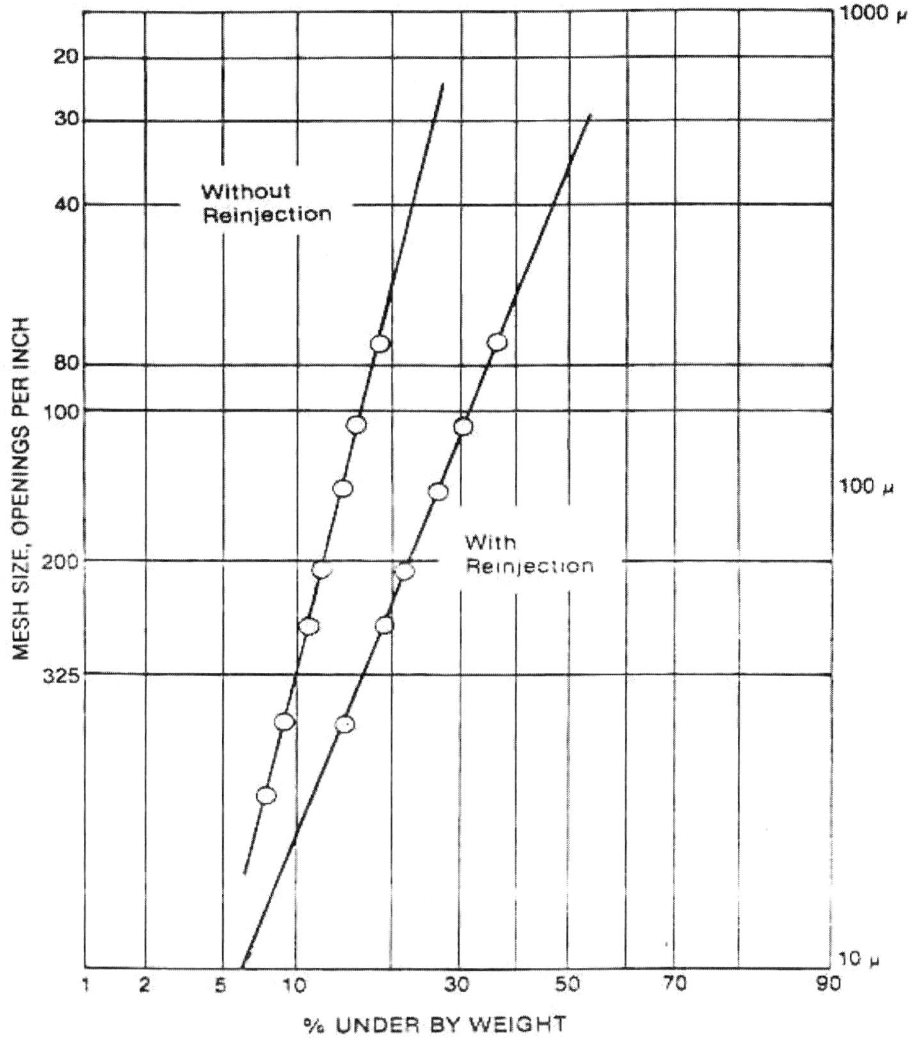

그림 3.5 목재 보일러의 연소재(fly ash)의 분진 크기 분포

(5) 기계적 포집기가 제대로 기능을 하는가?

공통적인 문제점은 호퍼부 재순환량과 튜브의 절단 또는 손상이다. 운전 중이 장치에서 실행한 입자의 크기나 부하 시험은 실제로 필요한 스크러버 압력손실이다.

훨씬 낮게 나타날 가능성이 많아서 실수하곤 한다. 이것은 미포집된 숯과 포집장치를 통과한 모래 때문이다. 이런 통과량을 제거하라.

그리고 멀티사이클론으로 다량의 고밀도 모래 입자를 제거한다. 더 작은 크기의 모래와 더 가벼운 숯 분진은 그대로 통과하여 스크러버에서 제거하는 미세 입자의 비중을 높인다.

호퍼에서의 통과량(by-pass)는 배플을 사용하거나 호퍼를 여러 개로 구획 분리시켜서 없도록 한다. 절단된 튜브나 튜브날개를 교체한다.

멀티싸이클론이 잘 운전되는지의 여부는 후단에 설치된 스크러버의 순환수 탱크위에 뜨는 물질의 양으로 판단한다. 그 양이 많으면 튜브가 망가졌거나 내부에 샘(leak)이 있다는 표시이다.

그림 3.6 목재 보일러의 충돌식 도리(Doyle) 스크러버 전경

그림 3.7 목재 보일러의 충돌식 도리(Doyle) 스크러버 전경

목재, 혼합형, 폐목 보일러에 설치된 전형적인 습식 스크러버는 웨스턴사의 도리(Doyle)형 충돌식 스크러버이다(그림 3.6과 3.7 참조). 그 외에 각종 싸이크론 스크러버의 저-중 에너지 벤츄리 스크러버가 사용된다. 제작사로는 듀콘(Ducon), 넾툰(Neptune)과 AAF(American Air Filter)등이 있다. 넾툰사의 제품은 그림 3.8에 있다. 벤츄리스크러버도 낮은 물방울 범위의 정상적인 모양을 지닌 스프레이 장치가 부착되어 4~10 in.w.c.의 압력손실에서 운전된다.

벤츄리스크러버는 압력손실이 6~8 in.w.c.가 될 때까지는 압력에 의해 잘 분무되지 않는다. 도리(Doyle) 스크러버는 이러한 물방울들이 95% 이상 제거되는 4~6 in.w.c.에서 효율적으로 운전된다. 보일러 형태와 스크러버의 기계적 운전 상태에 따라 다르지만 출구부하는 0.015에서 0.070 gr/scf 범위이다.

표 3.3 목재 보일러용 스크러버 응용설계 지침

Type of Scrubber	Venturi scrubber with vane separator
Throat	Adjustable annular or rectangular ; 25-100% design volume range
Actuation	Powered manual or automatic, using breeching draft for control signal
Materials	316L stainless steel. Use 317L or similar alloy if chlorides are present Suggest test coupon before composing specification
Access Ports	Venturi approach, rod-outs on headers, flooded elbow, separator base, separator vane level and sump
Pressure Drop	Typically 6-20 in., depending on auxiliary fuel(dry-bark gas-fired is lowest ; wet-bark oil-fired is highest
Outlet Grain Loading	0.02 gr/scf corrected at 12% CO2
Inlet Temperature	Without economizer, 600-800℉ ; with economizer, 325-500℉
Outlet Temperature	Wet-bark firing, 156-165℉ ; dry-bark firing, 150-158℉
L/G	Recycle, 6-8 gal/1000 ft3 ; once-through, 4-6 gal/1000 ft3
Droplet Control	Cyclonic or vane separator
Inlet Velocity	Southern or coastal mills(high sand content), 50-55 ft/sec ; hard-wood northern mills(low sand content) 60 ft/sec
Outlet Velocity	30 ft/sec to stack ; 60-65 ft/sec to fan
Test Method	Front end of Method 5
Special Considerations	High impinger catch indicates high sand content of fuel or incomplete combustion. Test when boiler is stabilized

3.4 용선로(Foundry Cupola)스크러버 (철금속)

다양한 용도로 사용되는 철을 생산하는데 용선로(Foundry Cupola)가 사용된다. 이러한 장치는 일반적으로 코크스를 태워 발생하는 열이 사용해서 쇠를 녹이는 장비이다. 자동차 엔진, 몸체, 불량품, 탕구와 통기구 및 기타 조각들과 같은 것들을 한 번에 집어넣고(잠입이라 한다.) 코크스와 석회석에 점화하고 용선로의 공기구멍을 통하여 가압 휀으로 연소공기를 공급하여 발생한 열로 가열한다.

금속 내에 존재하는 탄소, 규소 및 망간이 연료와 함께 연소한다. 공기가 탄소, 실리콘, 망간등과 함께 연료를 태운다. 용융된 금속은 용출구라고 불리는 개구부로 배출된다.

연소공기는 시설의 열효율을 증가시키기 위하여 때로 예열된다. 공기를 예열하는 것은 산화효과를 증진 시켜서 미세 입자(보통 SiO_2)의 배출량이 많아진다. 장입물에 탄소함량이 높은 경우(코크스, 잠입물 내 탄소성분 및 기름 성분 등) 일산화탄소(CO)의 발생량이 많아진다. 더불어 코크스 배출, 미세 산화규소(SiO_2)분진(0.5 ㎛이하), 기타 금속산화물 및 자유카본(C)등도 많아진다.

용선로(Hot blast cupola)에서 배출되는 일반적인 입자의 분포는 다음과 같다.

Size, μ	% Less Than
100+	95%
50~100	90%
10~50	75%
1~10	50~65%

굴뚝에서 측정된 1 ㎛이하의 입자의 양은 스크러버를 지난 후에도 충돌판에 그들 무게의 50%가 포집된다.

충격판을 이용한 제거는 일반적으로 기름의 불완전 연소로 인하여 발생하는 응축된 수산화탄소(hydrocarbon)와 산화규소 물질이다.

습식 대기오염 제어 시스템 조건

(1) CO가 CO_2가 되도록 안전정화장치를 갖추고 연소되는 수산화탄소(hydrocarbon)가 연소되어 CO_2 및 수증기가 되는 충분한 체류시간을 순다.

(2) 존재하는 작은 입자가 커지도록 급속히 가스를 냉각한다.(보통 1200°F 부근)

(3) 마모의 원인인 기류의 변화를 피한다.

(4) 스크러버에서 부식 조건을 만드는 물질인 스래그(slag)형성용 용제(flux)의 사용을 억제하거나 피한다.

(5) 용융 주기 동안 풍량의 변화에 대처할 수 있게 압력손실을 조절할 수 있는

장치를 설치한다.

(6) 용선로가 수동 잠입이거나 작업자가 그 지역에 있으면 통풍은 충분히 이루어져야 한다.

(7) 배출되는 가스의 입자는 탁도가 링겔만(Ringleman) 1도(20%)이하나 배출먼지농도가 0.1 gr/dsf를 이루어야 한다.

(8) 산성 세정수를 중화시켜야 한다.(주의:bag house나 전기집진기는 배출가스에서 CO_2나 SO_2를 제거하지 못한다. 그러므로 만일 가스가 수분를 가지고 있다면 그 가스는 산성화된다.)

(9) 이러한 역할을 적절히 수행하기 위하여 필요한 동력(마력)을 제공하여야 한다.

많은 용선로용 습식 세정장치는 다음과 같은 것을 사용한다.

(1) 용선로 상부(장입문 상부)에 한개 또는 여러 개의 후 버너(after burner)가 설치되어야 한다. 이는 CO를 정화하여 태워 CO_2로 바꾸고 또한 남아있는 수산화 탄소(hydrocarbon)을 소각한다. 이러한 것들은 연소공기가 들어오거나 용융이 진행중인 동안에 1200°F 또는 그 이상의 온도가 유지되도록 온도 감지기를 설정하여 부하에 따라 자동으로 조절되는 버너로 한다. 이러한 용융 작업이 완전히 끝난 후 버너를 끄고 밑 부분으로 배출 준비를 하게 된다. 최소한 1.0초의 유지시간이 필요하다.

(2) 덕트에 내화벽돌을 쌓지 않기 위해 일반적으로 용선로에 가까이 분사식 예비 냉각장치(prequencher)를 설치한다. 이것은 가스를 급냉 시키고 가습시켜서 입자가 커져서 포집되도록 한다. 이것은 또한 건축 구조물의 하중 부하를 감소시키게 된다.

(3) 통풍량 조절장치와 연결된 동력식 위치조절기가 부착된 운전 압력손실 25~40 in. w.c.의 가변형 벤츄리스크러버를 설치한다.

이 장치는 단지 송풍량의 제어에 따라 목 부분의 면적을 조절함으로써 압력손실을 설정값에 맞추어 재 성능을 낸다. 이것을 자동으로 설정할 경우 송풍기가 시운전과 가동 중단 시 목 부분의 면적은 완전히 닫히게 된다.

(4) 용선로 동력이나 휀의 손실 이하 범위 내에서 대기로 배출되도록 용선로 굴뚝의 꼭대기에 자동 무게 편형 장치가 있는 뚜껑을 설치한다.

(5) 회전날개(spin vane)의 인입 중심선에서 최소 직경정도 높이만큼, 접선방식 입구지역이나 직경방향 회전날개 입구에 교환 가능한 마모판을 부착한 싸이크론식 분리기(Cyclone Separator)를 설치한다.

보통 분리기 하부에 저장탱크(sump)를 설치하여 재순환에 이용한다. 넘치는 물(over flow)과 배수용 배관 크기는 보통 2 ft/sec가 되도록 설계한다.

(6) 축척된 고형물의 분리를 위하여 침전조나 내부에 고무로 라이닝한 싸이클론을 사용한 폐수처리장치를 설치한다. 바닥의 고형물질을 제거하기 위해서 체인으로 끄는 분리기와 함께 경사진 덤프버켓(dump bucket)이 보통 사용된다.

(7) 순환 펌프의 인입부에 고압으로 가성소다(caustic)와 거품제거제를 투입하는 pH조절 장치를 설치한다. 가성소다가 잔류 기름과 만나면 거품이 생기기 때문이다. pH 감지 장치는 쉽게 접근가능 위치의 탱크에 보통 설치한다.

(8) 순환수량의 손실량, 급냉 장치나 폐수의 유량을 관찰하기 위해 압력 스위치를 설치하여 시스템을 보호하여야 한다. 또한 스크러버의 출구에는 고온시 경고음이 나도록 경보기를 설치힌다.

(9) 통기(vent)와 배수장치를 설치한다. 대기오염방지기기는 간헐적 운전(Batch operation) 되므로 스크러버는 반드시 가스가 함께 딸려가지 않으면서 배수가 될 수 있어야 한다. 많은 밀폐형 액체/고체 분리탱크는 반드시 간헐적 배수 (Batch draining)이 가능하도록 통기구멍(vent)을 설치한다.

(10) 목부 조절장치는 신뢰성이 좋은 것을 사용한다. 가변형 목은 보통 외부에서 유압이나 공기압을 이용하여 조절할 수 있는 날개형 조절장치(damper blade)이다. 이러한 기계 장치는 높은 압력손실 하에서 운전되므로 고압에서 날개형 조절장치(Damper Blade)를 작동할 수 있도록 튼튼하게 설계한다.

(11) 마모가 일어나는 부분은 교체가 가능하도록 한다. 날개형 조절장치(damper blade)는 반드시 쉽게 교체 될 수 있어야 한다.

(12) 습식 휀을 사용하여야 한다. 휀은 래디얼 날개형이고 청소(시운전시 자동으로 타이머에 의해 작동 되도록)용 분사장치가 휀 입구에 직접 연결되어

있고 배관과 밀봉된 배수장치. 그리고 입구와 출구는 팽창식 조인트(expansion joint)로 되어 있다. 휀의 인입부에는 적절한 휀 성능을 위하여 최소한 직경의 2배에 해당하는 길이의 직선 덕트가 있어야 함을 기억하라. 속도압 재생장치(휀 출구확관)를 설치하여 출구 속도를 굴뚝에서의 속도(30~40 ft/sec) 와 비슷한 수준으로 낮추도록 한다.

(13) 미국 환경청 시험기준에 맞도록 샘플채취 프랫폼과 함께 굴뚝을 설치한다.

3.4.1 사용재질

- **급냉기(Quencher)** : 스테인리스 강 316 또는 내화재 라이닝 된 연철(mild steel)을 사용한다. 노즐은 이중 배관으로 된 햇더에 설치하고 막힘이 잘 안 생기는것(stellite-tipped)을 사용한다.
- **벤츄리(Venturi)** : 스테인리스 강 316으로 한다. 어떤 설계는 목 부분에 탄화규소벽돌을 사용하기도 한다. 목 부분에 사용되는 엑튜에이터는 유압실린더, 전기식 엑튜에이터, 잭스크류 또는 그 유사품을 사용한다. 가동 중에 위치를 조절하는 장치(positioner)의 오작동에 대비하여 날개형 조절장치(Damper blade)가 벽에 부딪히기 전에 정지하도록 핀을 설치할 것을 추천한다.
- **분리기(Separator)** : 스테인리스 강 316이 사용되며 순환 탱크는 약 10분이상 운전 가능한 순환수를 저장할 수 있는 크기여야 한다.
- **굴뚝(Stack)** : 스테인리스 강을 라이닝한 연철을 사용하던지 혹은 전부 스테인리스 강을 사용한다. 때로는 FRP를 라이닝해서 성공적으로 사용되기도 한다.
- **펌프(Pump)** : 스테인리스 강이나 합금강(Nihard)를 사용한다. Denver나 Allis-chalmers 같은 회사는 고무로 라이닝한 원심 펌프를 성공적으로 사용하기도 한다.

높은 마모를 일으킬 수 있는 조건이므로 밸브와 곡관은 피하는 것이 좋다. 표 3.4는 철금속 용선로에서의 응용설계지침이다.

표 3.4 철금속 용선로에서의 응용설계 지침

Type of Scrubber	Quencher followed by adjustable venturi and cyclonic separator
Materials	316L stainless steel ; wear plates at venturi throat ; replaceable venturi parts
Piping	Avoid 90° turns ; use two 45° elbows ; install pipe sections in removable units. If a drag chain tank is used, allow only 35° of rake angle. Sludge tends to flow, especially if caustic is added. If a cyclone is used, 15-20 wt% slurry will result. This requires slop bucket discharge.
Fan	A fully split housing is needed for wheel removal. Vibration eliminators and detectors are suggested. Fan spray is suggested with manual operation, not with a timer. The wheel has wear plates, and scroll and check wear plates are suggested.
Pressure Drop	Spray quencher, 0.5 in.w.c. ; wet wall quencher, 0.5 in.w.c. ; educator-type quencher, 0 in.w.c. ; venturi, 30-45 in.w.c. ; separator, 3 in.w.c.
Inlet Temperature	Up to 1200℉ if afterburner is used
Outlet Temperature	Typically 156-165℉. With recycle, water will reach this temperature. Insulate worker-area pipes
L/G	Typically 10-12 gal/1000 acfm with no caustic addition, or 12-14 with caustic addition. Add caustic to separator, not to venturi inlet. pH control is needed
Separator Vertical Velocity	No more than 11 ft/sec
Inlet Velocity	50 ft/sec
Outlet Velocity	30 ft/sec with stack ; 60 ft/sec to fan
Test Method	Method 5, with the front half only counted
Special Considerations	Flooded elbow after venturi. Caustic addition plus foam suppressant for oily scrap problems. Liquid circuit uses settling tank or liquid cyclone(rubber-lined or Nihard) for solids rejection. Extra-large manhole (24 in.) is needed in flooded elbow for maintenance. Cyclonic separator uses wear plate for first 270° of separator shell at inlet. High back half indicates sand on returns and silica emission. Cleaner scrap can reduce emissions. Oily emissions will cause a blue-haze residual plume. Afterburners can help remove the haze, but a scrubber will not

3.5 석회로 스크러버

오랜 기간동안 화학공장과 종이나 펄프를 생산하는 공정에서 가열로에 충돌식 스크러버를 많이 사용하였다. 예를 들어서 Peabody사는 전 세계에서 100여 개 이상의 석회로 스크러버를 공급하였으며 일부는 20년이 넘게 가동되고 있다. 벤츄리 스크러버 또한 많이 이용되고 있다. 그림 3.9는 AirPol에서 제작된 벤츄리 스크러버를 보여주고 있다. 그림 3.9a는 날개형 조절장치(damper blade)가 달린 벤츄리 스크러버의 목부가 최대한으로 열렸을 때의 단면적도 보여주고 있다. 그림에서 세정수가 접선 방향으로 들어가는 것에 주의하여라. 그림 3.9b는 키른의 투입구 쪽에서 그린 고체에 의한 막힘 현상을 최소화시킨 고수위 액체공급 했다. 벤츄리의 윗부분에 팽창식 조인트(expansion joint)가 있다.

우선 석회로 스크러버의 개조에 대하여 설명한 다음 벤츄리 스크러버로 교체를 서술한다. 마지막으로 스크러버 장치와 관계되는 화학 반응식을 설명하고자 한다.

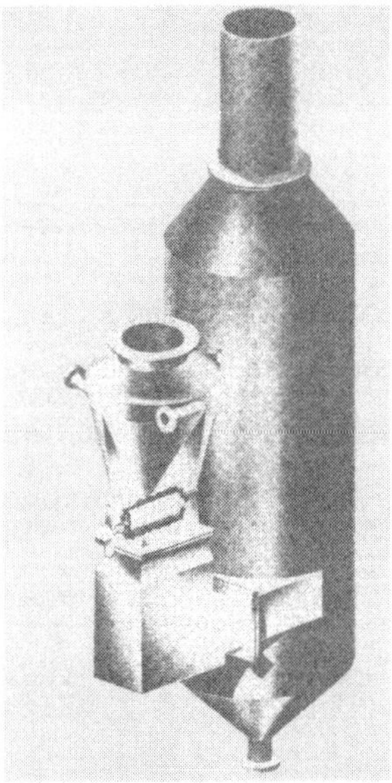

그림 3.9a 석회로 벤츄리 가스 스크러버

그림 3.9b 석회로 벤츄리 가스 스크러버

3.5.1 개선된 충돌 스크러버

충돌 스크러버는 한 세기 동안 공기청정 기능에 있어서 필요한 성능이 잘 안 나오는 장치로 인식되어 있다. 하지만 이것은 오늘날까지도 효과적으로 사용되고 있다. 이것을 현명하게 사용하면 교체비용과 설치비용을 많이 절감할 수 있다. 높은 고형물 농도의 순환수를 쓰면서 청소주기를 늘릴 수 있으며 굴뚝에서의 배출양을 줄일 수 있고 구조가비교적 간단한다. 다행이도 대부분의 충돌식 석회로 스크러버에서 설계에 사용되는 수직 속도는 원심식 분리기(Cyclonic Separator)와 비슷하다. 다시 말하면 충돌 석회로 스크러버에서 내부의 모든 장치를 제거한다면 이는 원심식 분리기(Cyclonic Separator)가 된다는 말이다. 이러한 이유로 최신의 환형 벤츄리를 이러한 장치에 추가시키면 제거 능력을 최대화 시킬수 있다. 물론 필요한 휀 에너지는 증가된다. 그러나 이는 단지 유사한 설계와 비교하면 같거나 약간 낮다.(그림 3.10, 3.11을 참고하기 바란다.)

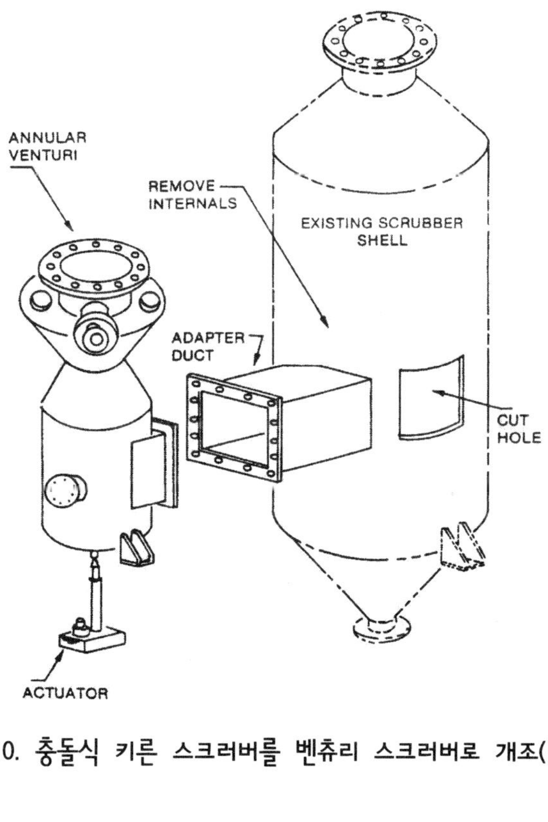

그림 3.10. 충돌식 키른 스크러버를 벤츄리 스크러버로 개조(넬튼사)

설계 시 다음과 같은 순서를 밟아야 한다.

(1) 기존 스크러버에 대한 검사

(2) 측정

(3) 스크러버의 치수 결정

(4) 휀의 선정

(5) 설치

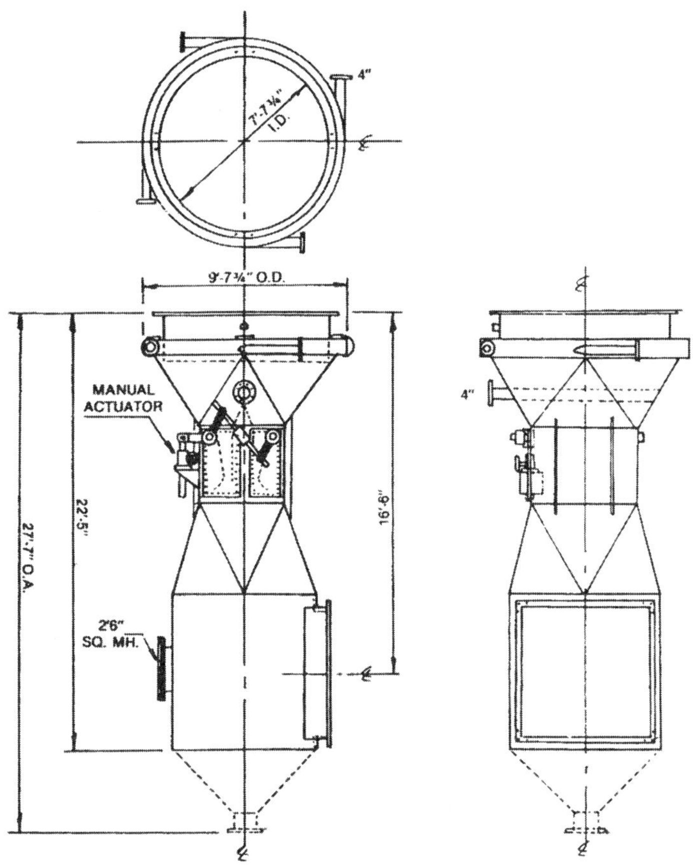

그림 3.11 교체용 벤츄리

(1) 기존 스크러버에 대한 검사

기존의 스크러버는 재료의 부식이나 기계적인 면에서 검사가 이루어져야 한다. 맨홀을 열고 쉽게 접근 가능한 부속품을 검사한다. 각 부분의 두께들은 표를 만들어서 최초 제작 사양과 비교한다.

만일 스크러버가 기름을 태우는 로에 연결된다면 재료는 스테인리스 강이나 직경이 무척 큰 경우에 비철금속으로 라이닝(Gunnite 또는 precrete)한 연철을 사용하여야 한다. 만일 가스를 태우는 로라면 철로도 충분하다.

트레이(Tray)와 트레이 지지대(Tray support)는 부착상태를 철저히 검사해야 한다. 거의 대부분의 트레이(Tray)는 탈착이 되지만 트레이 지지대(Tray Support)는 용접 되어진다.

만일 기존의 시설을 재사용한다면 외부 순환 탱크 용량이 충분한지 전반적으로 그 크기를 확인한다. 이런 탱크는 보통 그대로 사용한다.

펌프의 명판에 쓰여 있는 자료는 반드시 기록되어야 한다. 새로운 스크러버는 순환수가 약간 더 사용될 수도 있다. 그러나 높은 슬러리의 농도를 사용할 수 있는 이점이 있다. 새로운 장치는 고체의 부하를 10~15%로 한다.

(2) 측정

높이는 밑의 접선(tangent line)(원통부와 콘부가 만나는 곳)에서부터 가스 출구의 중심선 (또는 상부중앙으로 배출되는 장치라면 가스 출구 플랜지)까지 거리이다. 벤츄리의 면적도 측정한다.

(3) 스크러버의 크기 결징

설계자는 시설의 도면자료와 새로 필요한 치수를 비교하여야 한다. 환형(Annular) 벤츄리 형상이 그림 3.12에 있다. 벤츄리는 특수 연결닥트로 스크러버의 인입 덕트와 조립된다.

이 연결 덕트는 기존의 용기에 접선 방향으로 용접되어 있다. 이 연결 덕트는 기존 분리기에 접선 방향으로 연결이 되어 있어서 가스에서 액적을 원심력을 이용하여 제거한다. 이 덕트는 하나의 단위 유니트로 만들어졌기 때문에 여러 해 동안 가동 후 통째로 쉽게 교체 할수 있다.

벤츄리 스크러버와 인입연결덕트는 새는 현상을 방지하기 위하여 네오프렌 가스켓(neoprene gasket)을 사용한다. 볼트, 너트, 및 와셔로 조립하여 현장 설치작업을 최소화 한다.

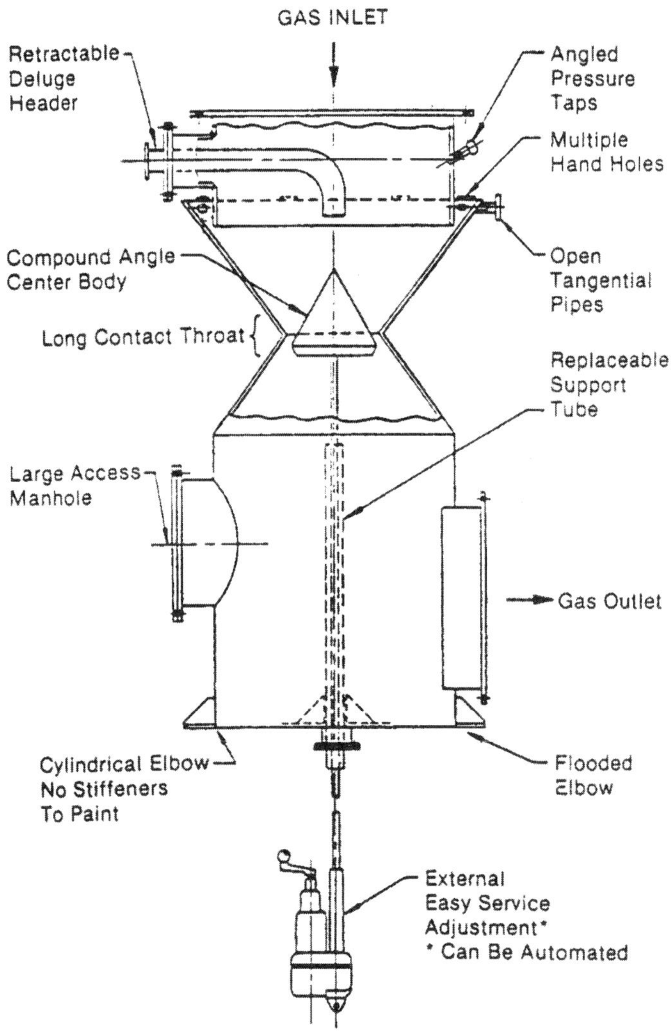

그림 3.12. 환형 벤츄리 형상

(4) 휀의 선정

신형 환형 벤츄리는 좀 더 많은 입자를 제거하기 위하여 더 많은 에너지가 필요하므로 단순히 좀 더 많은 에너지를 사용한다. 이러한 환형 벤츄리 시설은 날개형 조절장치(Damper blade)나 유사한 피봇(pivot)을 사용하는 것보다 위치조절장치(positioner)를 사용하면 반응이 좀 더 균일하다. 조절장치(Damper)가 피봇(pivot)에 고정된 경우 가스 흐름으로 열린 면적을 공기흐름에 따라 기하학적으로 변한다.(한쪽이 고정되었기 때문에 그 표면적은 공기흐름과의 각도에 의해 주어진다.) 따라서 날개형 조절장치(damper blade)를 사용하는 벤츄리에서 거의 완전히 막혀 있는 상태가 되면 더 이상 조절이 불가능하다. Balde를 약간만 움직이는 것도 압력손실의 변화를 가져온다. 이것은 가끔 로를 망가뜨릴 수 있으며 또한 에너지의 소비를 가져온다.

환형 벤츄리 스크러버는 공기의 흐름에 대하여 일정한 앞 단면적을 만든다. 이것의 압력손실은 일정하게 증가하게 되어 운전자가 정밀하게 조절할 수 있게 한다. 이것이 높은 에너지를 성공적으로 사용하는 (60~80 in.w.c.) 벤츄리 스크러버가 환형인 이유이다. 벤츄리에서의 압력손실은 주어진 제거 효율 하에서 최소값에 가까이 한다.

주어진 적용 코드의 요구사항, 석회의 소다농도, 로의 길이, 로에서 응축이 일어나지 않을 정도로 가열하는지의 여부 및 연료의 종류에 따라 설계자는 적절한 압력손실을 선정하여야 한다. 로에서 발생하는 손실, 투입구에서 손실에다 벤츄리에서의 압력손실과 분리기에서의 압력손실 3 in.w.c.을 더해서 운전에 필요한 휀의 총 통풍 정압을 정한다. 이 값은 일반적으로 26~32 in.w.c. 이다.

만일 송풍기의 가스가 뜨거운 상태라면 (즉 송풍기가 벤츄리의 앞단에 설치된다면), 재질은 연철로 날개 부분에 마모방지 라이너를 댄다. 휀 케이싱 마모부(cheek,scroll)에 라이너를 대는 것도 좋다. 휀은 모터에 바로 연결될 수도 있고 또는 연간 로의 예상되는 생산부하에 따라 속도를 조절하는 장치에 연결될 수도 있다.

분리기(Separator) 후단에는 습식 송풍기가 사용되며 기름을 태우는 로의 경우 재질은 스테인레스 스틸을 사용하여야 한다. 열차단막(Heat Slinger)를 사용하고 보통 외형은 #3(출구가 수평), 25,000~50,000 cfm이면 인입구가 하나. 50000 cfm 사이이면 두개를 추천한다. 그리스 주입구가 밖으로 나와 있는 역방향 날개 댐퍼(opposed BladeDamper), 폐수 배출구, 검사구 및 축 스리브(Shaft sleeve)를 휀에 부착토록 한다. 종종 석면 축봉장치(Asbestos shaft seal)가 사용된다.

분리기 후단에는 습식 휀이 사용되며 기름을 태우는 로의 경우 재질은 반드시 스테인리스 강을 사용하여야 한다.

열차단막, 외부 그리스주입기 및 마모방지 라이너를 제외하고는 위에 언급된 고온부 휀과 동일하다. 정화된 공기를 처리하므로 마모보다는 때가 끼는 것에 신경을 더 써야 한다. 보통 입구와 케이싱에 분사장치를 해서 주기적으로 휀을 청소한다.

(5) 설치

우선 기존의 스크러버에 전반적으로 쌓인 석고를 깨끗이 청소한 후 공기로 말린다. 이 기간동안 트레이(tray), 분사 헷더 및 노즐 등을 분해한다.

트레이(Tray) 지지대와 베인 기액분리기(vane eliminator)는 용기에서 완전히 들어낸다. 또한 나머지 벽에 붙어 있는 금속물질을 다 씻어낸다. 이때 일부 간단한 보강이 필요하면 처리한다.

상부사각 맨홀을 완전히 제거하고 철판을 막는다. 그래서 매끄러운 원통형이 되게 한다. 하부 맨홀은 그대로 두어서 하부 탱크에 들어 갈수 있게 한다. 그러나 만일 위치가 적당하지 않다면 맨홀을 제거하고 판으로 막은 다음 다른 곳에 맨홀을 만든다.

다른 여러 가지의 내부 배플이나 헷다관(HEAD PIPE)를 하부탱크에서 제거하고수위조절기, 보충수, overflow 등의 연결구는 사용할거면 그대로 둔다. 휀을 정 위치에 놓고 설치한다.

지금부터 개조공사(rebuilding)가 시작된다.

연결 덕트는 용기의 측면에 접선으로 난 구멍에 맞추어 조립 한다. 기존의 인입구는 막아 없앤다. 어떤 경우에는 이 기존 인입구를 살려서 그냥 연결 덕트로 쓰이기도 한다. 이 부분은 아직은 정 위치에 용접하지 않는다.

새로운 벤츄리가 연결 덕트의 전단에 추가되고 구조물에 장착된 후 덕트에 가스켓과 볼트로 체결되어야 한다. 벤츄리가 수직으로 설치되었는지 반드시 확인한다. 얇은 판(shim)을 이용하여 수직을 맞춘다. 그 다음 연결 덕트를 제 위치에다 안쪽과 바깥쪽에서 용접한다. 그 후 배관도에 따라 벤츄리 주위 배관을 한다. 배관은 보통은 기존의 것보다 간단하다. 필요하다면 펌프의 수정작업은 이 단계에서 이루어져야 한다. 가능하다면 유사한 직경인 기존의 배관을 재사용하는 것이 보통이다.

휀의 위치에 따라 벤츄리와 노의 투입구부 또는 휀 토출구간을 연결하는 덕트의 수정작업도 필요하다. 설치작업은 보통 덕트 작업이 전부이다. 하청업자가 시행한다. 슬립링(slip ring) 형태의 연결방식을 채택하여 현장에서 조립과 조정을 할 수 있도록 한다. 팽창식 조인트(Expansion Joint)는 가능한 많이 설치한다. 설치가 완료되면 제공된 시운전 절차서에 의해 시운전 한다.

강도면에서 좋은 상태의 기존 피바디(Peabody)사의 스크러버를 개조하는 작업은 비용면과 설치 시간 면에서 매우 크게 절감할 수 있는 것으로 보인다. 많은 투자비의 낭비없이 장비의 사용수명을 늘린다.

더불어 이것도 자본재 구매보다 세금 상 이점이 있는 유지보수 절차 중의 하나이다.

3.5.2 벤츄리에서의 압력손실의 결정

대략적인 압력손실은 만일 다음과 같은 세 가지의 중요한 사양을 알 수 있다면 금방 결정할 수 있다.

- 석회로 투입원료로 표시되는 석회소다의 농도(%)
- 석회로에서 배출되는 먼지의 농도(lb/min)
- 석회로의 원료 투입량 (lb/min or ton/day)

석회로 안에서 공정되는 원료량 중 나트륨의 화합물은 완전히 태워져서

Na_2O가 된다고 가정한다. 불행하게도 Na_2O는 배출되는 입자의 대부분을 차지하면서 작은 1 ㎛이하의 흄의 형태이다. 석회석 자체는 매우 큰 입자이고 스크러버에 의하여 비교적 쉽게 제거될 수 있다.

(1) 절차

소다(Na_2O) 흄의 량 결정

(1) 투입되는 건조 반죽의 전체량을 구하고 반죽 중 소다의 농도를 곱한다. 이 양은 로에서 배출되는 전체적인 흄의 양으로 가정한다.

(2) 제거 효율에 따른 압력손실을 결정하기 위하여 표 3.5를 참고한다. 시행착오의 방법 "시험" 압력손실을 정한다.

표 3.5 제지 산업용 석회로에서 벤츄리 압력손실 대 소다 흄과 석회석 먼지제거 관계표

Venturi Pressure Drop, in.w.c.	E_5, % Na_2O Removed	E_1, % Na_2O Removed
8	50	98.00
10	62	99.00
12	70	99.10
14	78	99.40
16	82	99.50
18	85	99.60
20	88	99.65
22	90	99.75
24	92	99.80
26	95	99.85
28	96	99.90
30	97	99.95

↠ 제거되는 소다(Na_2O)의 양 결정(lb)

(3) 결정된 제거율(%)과 Na_2O 량(lb)를 곱한다. 이 값은 제거된 Na_2O 량이 된다. 들어오는 Na_2O 총량에서 제거되는 양을 빼면 이 값은 스크러버를 통해 배출되는 양이 된다. 이 숫자를 저장한다.

↠ 제거된 석회석량 결정

(4) 로에서 배출되는 먼지의 농도를 구하고 Na_2O 의 양을 빼준다. 이것이 로에서 배출 되는 석회석의 무게가 된다.

(5) (2)단계에서 구한 압력손실에서 제거되는 석회석의 양을 표 3.5에 근거하여 계산한다. 이 제거율을 구해서 석회석 배출무게와 곱한다. 이것은 석회석의 제거된 양과 세정액과 함께 배출(Bleed) 전에 스크러버 세정수에 남아있는 양을 나타낸다. 스크러버로 인입되는 석회석 배출량에서 이 값을 빼면 스크러버 후단 굴뚝으로 배출되는 석회석양이 된다. 이 석회석 배출량에 소다회(soda)로 배출되는 양을 더한 것이 고객의 배출량 요구 법규에 맞추어 압력손실 선정이 잘 되었는지를 결정한다. 만족하지 못한다면 위의 과정을 다시 반복한다. 그림 3.13은 벤츄리의 압력손실의 안전영역을 나타낸다.

(2) 예제

M = 로 투입량(lb/min dry)

S = 소다 % (lb Na_2O / lb feed)

Es = 소다 제거효율 (%)

E_l = 석회석 제거효율 (%)

K = 출구 먼지부하 (lb/min lime and soda)

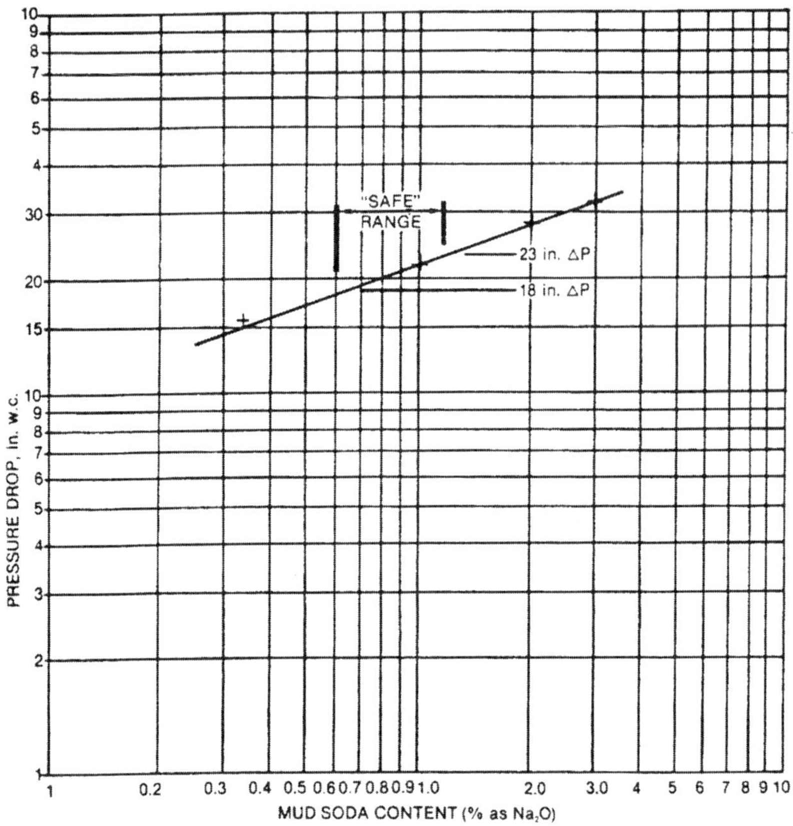

그림 3.13 원형 벤츄리 압력손실 대 석회석 슬러지로 소다 함량

계산:

(1) M×S= 로에서 나오는 Na_2O 총량(lb/min)=F

(2) $F \times E_s = Na_2O$ 포집량=Fl

(3) $F - E_c = Na_2O$ 손실량=X

(4) K-F=제거된 석회석 먼지량=L

$L \times E_l$= 포집된 석회석 먼지량=Lc

$L + L_c$=석회석 먼지 손실량=Y

(5) X+Y= 총 배출량=Z

$F_c + L_c$ = 석회석량 + 세정수에 포집된 Na_2O

만일 Z의 값이 법규 규정치를 초과한다면 새로운 더 높은 압력손실의 값으로 재시도 한다. 일반적인 로의 압력손실 값은 신규 법 기준을 맞추려면 26~28 in.w.c.이고 구형 시 설계량의 경우는 18~20 in.w.c. 이다. 표 3.6은 석회로 스크러버의 응용설계지침이다.

표 3.6 석회로 스크러버 응용설계 지침

Type of Scrubber	Annular venturi
Throat	Adjustable high turndown
Actuation	Remote manual from control room-avoid automatic designs
Materials	316L stainless steel
Access Ports	Liquid shelf, flooded elbow(at 18-in.-dia. manhole), separator, drain rod-out
Pressure Drop	See graph in this section, typically 26-36 in.w.c.
Outlet Grain Loading	0.02 gr/scf(lower values have been reported)
L/G	12-16 gal/1000 ft3, recycle and bleed
Droplet Control	Cyclonic separator
Inlet Velocity	50-60 ft/sec
Outlet Velocity	60 ft/sec to fan(wet fan design) ; 30 ft/sec to stack
Test Method	Method 5
Special Considerations	Use open headers, no spray nozzle. Food all headers from below, permit to drain into scrubber, allow clean-out tee at separator base and/or at recycle pump suction. Close throat fully for kiln startup ; open gradually to avoid loss of flame. Check mud soda content, control as best as possible through good mud washing. High soda yields high emissions. Potential metallic oxide emission when burning No. 6 oil. Inspect scrubber yearly.

3.6 도시 슬러지 소각로 스크러버

여러 개 소각로에서 배출되는 오염물질의 제거는 보통 가스의 냉각장치 다음에 입자를 제거하는 장치를 놓는다. 슬러지가 높은 습도(때로 40%이상)로 투입되어 높은 온도에서 포화상태를 만들어서 백연을 배출시키게 된다. 165~170°F에서 응축된다면 고습도의 진한(매우 잘보이는)백연이 생성된다. 그림 3.14는 입경분포를 나타내고 있다.

일반적으로 냉각 장치 다음 후단에 트레이 탑(tray tower)이나 충진탑을 설치한다. 중간 정도의 에너지 소모를 가지는(20~28 in.w.c.)벤츄리 스크러버를 설치하고 슬러지의 습도가 크게 변할 수 있기 때문에 배출되는 가스의 부피도 그 값에 따라 크게 변동한다.

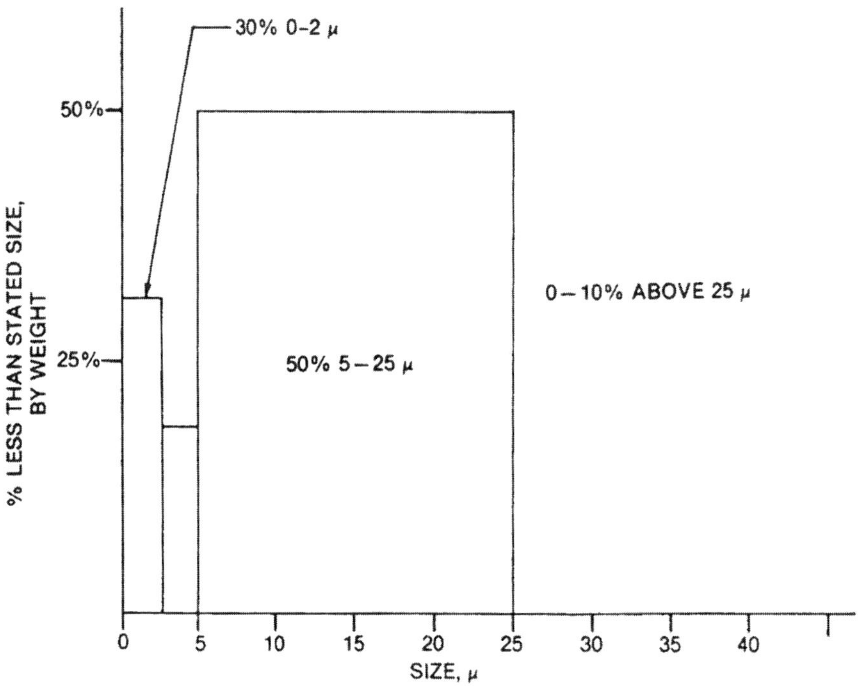

그림 3.14 도시 슬러지 소각로의 일반적인 입경분포(S.A 사)

이러한 이유 때문에 이러한 곳에서 다른 어떤 장치보다 가변형 벤츄리가 사용된다. 이것은 운전자가 벤츄리에서의 압력 손실을 조절하고 또한 소각로의 압력을 맞출 수 있다. 이러한 노 내압은 보통 소각로 제작자가 정한다. 왜냐하면 노 내압이 맞으면 버너가 최상의 성능을 발휘하고 부유하는 슬러지 입자량(동반 배출)을 감소하기 때문이다. 도시 소각로의 노 내압을 맞춘다. 이러한 노 내압(draft)는 제작자의 요구에 맞게 조절된다. 이러한 노 내압은 0.1~0.2 in.w.c.가 사용되고 소각로가 넉 아웃(knockout)장치를 사용한다면 0.7 in.w.c.까지도 높게 된다. 만일 스크러버의 입구 먼지의 부하를 줄이려고 한다면 여러 로에서 높은 노 내압를 유지하는 것은 피해야 한다.

많은 경우 벤츄리 스크러버는 물 닿는 부위가 더 많도록 설계를 하며 목 부분의 세정수를 증가시키는 '왕창분사방식'이 사용된다. 벤츄리 목 부위에 분사하지마라 왜냐하면 노즐에서의 막힘이나 header 유량의 손실이 있는 경우 효율이 급격히 떨어지기 때문이다. 만일 가스의 부피가 60,000 acfm을 초과한다면 목 자체는 사각형이거나 원형이어야 한다. 만일 사각형이라면 목 부분의 폭은 9~12 in를 초과하지 않는다. 만일 목의 폭이 이를 초과한다면 세정수는 목의 중심부로는 흐르지 않고 폭포처럼 목을 타고 밑으로 흐를 것이다.

도시 쓰레기 소각로용에는 간단한 목구조가 가장 좋다. 특히 목 부분에서는 마모가 일어나므로 나중에 교체할 수 있도록 플랜지를 이용하여 체결하도록 한다. 목 부분에서의 날개형 조절장치(damper blade)자체만을 교체할 수 있도록 하는 것이 훌륭한 설계이다. 그러나 일반적으로 날개(Blade)가 마모되어 망가지면 목 부위 전체를 교체한다. 목 부분 설계위치상 진입이 불가하면 원격제어방식의 액츄에이터에 의해 수동으로 정확하게 조절되어야 한다. 이 스크러버의 목 부분에서 속도가 200~ 300 ft/sec가 됨을 명심하여 움직임을 쉽게 하기 위해여 평형 장치를 설치하는 것이 현명하다. 균형이 맞지 않는 목부의 축은 댐퍼를 움직이기 위해 높은 회전력을 필요로 한다.

수많은 설계자들은 위에서 목 부뷴을 향해서 왕창 분사노즐(밑 부분이 경사진 풀콘(Full-Cone)형 또는 홀로우 코아(hollow-core)노즐을 사용하고 적절한 물방울이 목 부분에서 확실히 생기도록 한다. 물공급 헷더는 분리형으로 하고 또한 스프레이 노즐에서의 막힘 현상을 확인하기 위하여 압력계가 설치되어야 한다. 만일 왕창노즐이 사용되고 분사 각도가 50~60° 가 된다면 벽 쪽으로 공급되는 물은 2 gal/1000 acfm까지 감소시킬 수 있다. 단, 전체 면적에 균일하게 분사될 때에 한 한다.

벤츄리 스크러버의 목 부분은 1000 acfm당 7~12 gal의 순화수를 받아들인다. 순환수에서 고체의 농도는 무게비로 2~4%를 초과하여서는 안된다. 이는 막힘 가능성을 없애려는 이유가 아니고 인입가스가 순환수 중에 고형물질을 분사 건조시켜 소각로 출구에서 측정한 입자부하 값보다 스크러버에서의 입자부하가 높아질 수 있기 때문이다.

각도진 엘보(Compound-angle elbow)나 물 넘치는 엘보(flooded elbow)가 사용될 수도 있다. 입자가 지나치게 침식을 일으키지 않지만 부식을 일으킬 수는 있다. 유기산이 형성될 수 있고 수증기로 인해 응축하고 주위와 세정수로 현열을 전달한다. 만일 스크러버로 공급되는 물에 염소성분이 없다면 많은 경우 재질은 SUS316으로 선택한다. 만일 염소의 농도가 높으면 설계자나 사용자는 316 L 대신에 비싼 2.75% 몰리강(moly)이나 인코넬(Inconel)을 사용하여야 한다. 그러나 일반적으로 사용하는 재료는 스테인리스강이다.

엘보에는 크기가 최소한 18″ 직경인 맨홀을 설치하고 액체의 인입구의 근처에 핸드홀을 둔다. 필요하다면 노즐 가까이에 플러그(Rod-out plug)를 설치한다. 또한 유지 관리를 쉽게하기 위하여 헷더는 분리할 수 있도록 플랜지나 유니온으로 체결한다. 가능하다면 이들 헷더 뭉치는 한 사람이 조작할 수 작게 만든다.

분리기(Separator)는 싸이클론식이다. 그러나 만일 충신새나 트레이를 사용한 냉각(cooler)가 사용된다면 가스입구가 직경(radial)방향이다. 싸이크론식 분리기는 수직 높이가 가스의 인입구의 중심선으로부터 흡수탑/냉각기 까지 측정해서 최소한 반지름의 1~1/2배는 되어야 한다. 그래야 충분한 분리가 일어난다.

냉각기 다음에 놓인 분리기의 접속유입속도는 보통 80 ft/sec이다.

때로는 분사형 후 냉각기(after cooler)가 사용된다. 개량된 싸이크론 스크러버에서는 일정한 모양으로 물을 접선방향으로 분사하여 열 교환을 위한 넓은 물방울의 표면적을 제공한다. 물론 이는 적절하게 작용하는 노즐, 충분한 압력과 유량이 제공되는 조건이다. 이들 중의 하나만 잘못되어도 효율은 급격히 저하되고 배출 온도의가 매우 증가된다.

표 3.7 포화공기의 수증기 함량

Temperature	Weight of Water Vapor, lb/ft^3 Saturated Mix	Density (lb air + water vapor/ft^3)
115°	0.004315	0.066
170°	0.01612	0.05343

트레이형 후 냉각기는 적용분야에 따라서 굴뚝의 온도를 170°F에서 115~130°F로 낮추기 위해 사용한다. 표 3.7은 170°F와 115°F의 포화상태의 공기 1 ft^3 안에 얼마나 많은 양의 수증기가 포함되어 있는지를 나타낸다. 만일 습부(스크러버의 후단)에 휀이 사용된다면 배출되는 공기의 부피가 줄어듦으로 휀의 용량이 작아지게 된다.

트레이형 후 냉각기는 냉각을 위하여 필요한 액체의 표면적을 제공하기 위하여 한 묶음(Group)의 물 넘치는 충돌판(flooded impingement plate)을 사용한다. 요구되는 트레이판의 숫자는 일반적인 가스 냉각 계산에 의하여 구한다. 실제의 사용 트레이 숫자는 이론 값의 약 75~85%정도이다.

그러므로 트레이(tray)의 숫자는 다음과 같이 구해질 수 있다.

$$N_t = \frac{(HETP)}{\epsilon}$$

여기서,

HETP : 이론적 트레이판 숫자

ϵ : 효율

대부분의 설계자는 세정수 온도를 정상보다 더 높은 온도를 선택한다. 보통 50~70°F의 인입 온도가 선택되며 배출되는 물의 온도는 배출가스온도보다 10°F 이내 차이가 나도록 한다. 따라서 물 온도는 100%효율(정확히 배 가스 온도와 같은 온도의 경우)일 때 낮다고 가정한다. 트레이 자체가 비능률적으로 조정되었다 하더라도 효율의 합계는 최고 약 90%가 된다.

트레이는 단수배열(Single-flow Arrangement) 복수배열(split-flow) 또 이들의 복합으로 하여 여러 단으로 설치할 수 있다. 단수배열이란 세정수는 한쪽 측면으로 공급되고 공기흐름은 물과 직각(across)을 이루고, 웨어씰(weir seal)을 통해 하강되어서 다음 트레이로 이동하는 것을 말한다.

복수배열은 세정수가 웨어 중간에 공급되고 좌우로 나누어 흐르면서 웨어를 통해 다음 트레이로 이동하는 것이다. 겉면 또는 표면속도(즉 빈 챔버의 단면적으로 계산된)는 보통 최대 값으로 500~600 ft/min이다. 트레이 형식은 가끔 후단에 놓이는 베인(vane)형식의 물방울 제거기(droplet eliminator)의 크기에 의해 통일크기가 결정되기도 한다. 이 경우 공기에 원심력을 주려고 베인(vane)을 달고 통과 속도는 1200~1900 ft/min으로 한다. 더 높은 밀도를 가지는 물방울은 용기 벽에 부딪쳐서 배출구를 통해 배출된다.

향상된 방법으로 하부에서 간헐적으로 청소용 물을 분사하는 장치를 갖춘 쉐브론(chevron) 물방울 제거 장치가 있다. 이 장치는 지지대로 형강을 쓰고 쉐브론(chevron)조각을 설치하기에 충분한 크기의 맨홀이 있다.

충진탑 냉각기는 실질적인 충격형 트레이(tray) 당 4 ft의 높이의 2 in의 충진물(Intalox Saddles)을 사용하여야 한다. 트레이(Tray)형의 냉각기는 트레이와 단지 18 in가 되면 충분하지만 같은 효과를 내기 위해서는 충진탑 냉각기는 높이가 불리하게도 30 in가 필요하다. 일반적으로 분사형분배기를 사용하는 경우 충진탑의 높이는 6~8 ft가 된다.

지지용 그리드(Grid)를 놓고 자주 액체가 잘 충진물과 혼합되도록 충진물에 재분배기를 설치한다. 충진탑 냉각기는 충진물 상단과 하단에 맨홀을 놓는다. 특히 하부것은 더 크게 한다.(24 대18“).충진물을 청소하는 유일한 방법은 충진물을 밖으로 빼내는 것이다. 트레이형 스크러버는 위에 ft당 2 gpm을 사용하여 액기비가 3에서 4 gal/1000 acfm이 된다. 충진탑식 냉각기는 더 많은 물(분배목적으로)을 사용하고 액기비는 6에서 8 gal/1000 acfm이다. 트레이형 후 냉각기가 탁월하다는 결론이다. 즉 통 크기가 작기 때문에 유지관리가 단순화되고 세정액 소요량이 이론값에 더 가깝기 때문이다. Tray형식의 냉각장치는 소형으로 사용될 수 있고 유지관리가 간단하며 세정수의 요구량이 거의 이론치와 같으므로 이것을 사용하는 것이 유리하다. 표 3.8은 도시 슬러지 소각로의 응용설계지침이다.

표 3.8 도시슬러지 소각로 응용설계 지침

Type of Scrubber	Venturi
Throat	Annular or rectangular adjustable
Actuation	Manual or draft automatic
Materials	316L stainless steel
Access Ports	Flooded elbow manhole
Pressure Drop	25-36 in.w.c.
Outlet Grain Loading	Less than 0.08 gr/scf at 12% CO_2
Inlet Temperature	800-1400℉
Outlet Temperature	100-125℉ with aftercooler
L/G	8-12 gal/scf
Droplet Control	Separator
Separator Type	Vane or cyclonic
Inlet Velocity	60 ft/sec for vane; 90 ft/sec for cyclonic
Outlet Velocity	30 ft/sec for stack; 55 ft/sec for fan
Test Method	Method 5. ORSAT test for CO_2
Special Considerations	Impingement tray cooler used to suppress plume. Stainless steel trays. Draft control override required for startup. Codes typically production-dependent measured on dry solids basis, difficult to meet if high in dissolved solids or moisture.

3.7 오수 슬러지 건조 스크러버

최근 "에너지 위기"가 발생하기 오래 전부터 기술자들 사이에서는 오수에서 발생하는 슬러지의 처리문제가 대두되어 왔다. 에너지의 값이 갑자기 오르기 시작했을 때 폐기물처리에 관한 시도들이 새로운 관점에서 검토되어졌다. 질문은 "어떻게 슬러지를 처리할 것인가?"에서 "얼마나 적은 에너지를 사용하여 효율적으로 슬러지를 처리할 것인가?"로 바뀌었다.

첫 번째의 질문의 답은 폐기물을 다양한 형태로 땅에 묻거나 소각하는 방법인 것처럼 보였다. 그러나 두 번째의 질문의 답은 아직 찾지 못 한 것 같다. 그러나 많은 방법 중 가장 좋은 것으로 재사용 또는 소각을 위해서 "건조"하는 것이다. 그러나 슬러지를 건조하는데 다음과 같은 특성이 있다.

(1) 소각과 대비 건조는 낮은 온도에서 하므로 건조하는데 적은 에너지가 소비된다. 물은 슬러지와 함께"소각"되지 않고 낮은 온도의 수증기와 스팀으로 배출된다.

(2) 심한 발생량 변화에 대처할 수 있다.

(3) 최종 생산물은 비료, 메탄가스를 생산하기 위한 혐기성 미생물 양분, 소각용 연료 등으로 사용할 수 있다.

(4) 낮은 집진 에너지가 소비된다. 낮은 온도에서 건조하면 발생하는 입자가 더 커져 더 쉽게 입자는 제거된다.

이런 문제점에 주의하여 대기오염방지시설을 설계한다. 즉 스크러버를 어떻게 구성할 것인가? 그 구성품은 어떤 기능을 하나. 에너지 소모량은 얼마나 되나? 예상되는 성능 효율은 얼마인가? 스크러버 설계관점에서 공정내용을 기술하고자 한다.

3.7.1 슬러지 건조 시설

슬러지의 건조 공정은 다음과 같은 기본적인 장비로 구성된다.

- 물기를 제거하기 위한 압축기 또는 필터
- 젖은 슬러지 저장통
- 회수물 저장통과 혼합기
- 로터리 드럼 식 건조기
- 사이클론식 제품 분리기
- 유입 휀
- 습식 스크러버
- 악취제거 장치

그림 3.15는 일반적인 공정 흐름도이다.

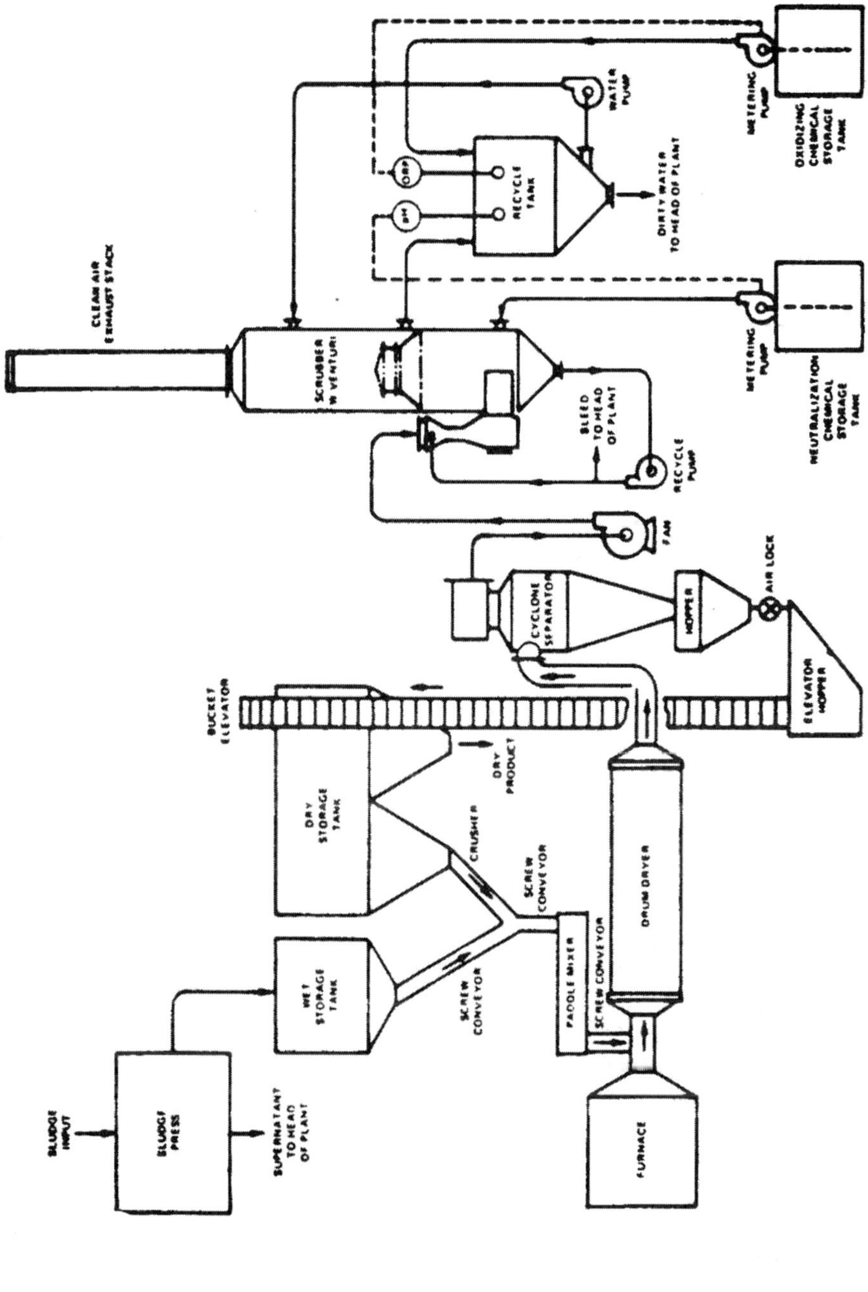

그림 3.15 슬러지 건조기 계통도

슬러지의 물기를 제거하는 압축은 스크러버에서 두 가지의 이점이 있다 첫 번째는 건조기로 들어가는 물방울의 양이 줄어들고 따라서 발생가스 체적이 줄어서 스크러버가 작아진다. 둘째는 압축과정 중 배출되는 물이 대기오염을 일으킬 수 있는 일부의 용해 고형물을 함께 제거해 주는 것이다. 슬러지를 효과적으로 압축함으로써 처리물 파운드 당 에너지소비는 줄이면서 스크러버는 더 작아지고 제거효율은 더 높아진다.

회전식 건조기에서는 로에서 발생한 뜨거운 가스가 처리될 오수 슬러지에 함유된 물을 증발시킨다. 로의 발생가스를 노출시키지 않는 것은 슬러지가 악취를 발생할 수 있기 때문이다.

수산화탄소(Hydrocarbon)이 일부만 연소해도 냄새는 상당히 줄어든다. 로/드럼 부위의 세심한 설계는 고온부가 편중되는 현상을 줄이고 오수 슬러지 일부가 연소되는 문제점을 방지할 수 있다. Zimpro나 Stearns Rogers, the Hell Company와 같은 주요한 건조기의 생산업체는 균일하게 건조된다는 조건에 맞추어 신뢰성 있는 설계를 발전시켜 왔다.

소각로에서 350°F~500°F로 배출되는 가스온도 대신에 건조로에서는 일반적으로 180°F~250°F로 배출되며 보통 180°F~210°F 범위에서 운전된다. 온도를 낮게 유지함으로서 슬러지 중의 더 높은 끓는 온도를 가지는 물질은 증발되지 않아서 스크러버의 악취부하를 낮게 만들어 준다. 낮은 온도는 또한 산화아민(amine oxide) 대신에 아민(amines)를 알데히드(aldehydes) 대신 수산화탄소(hydrocarbon)을, NO_x 대신에 질산염(nitrates)를 배출시켜 악취의 유형을 감소시킨다.

이것은 중요한 점이다. 소각로에서 악취는 아주 높은 온도에서 열적 산화에 의하여 제거된다. 부분적이거나 충분치 못한 연소로 인해 주기적 또는 연속적으로 악취물질을 만들 수도 있다. 그러나 건조기에서는 고온보다 오히려 저온과 화학적 산화에 의해 악취를 제거한다.

통상적으로 건조로부터 발생하는 대부분의 악취물질은 다음과 같다.

- 황화수소(H2S)
- 아민과 암모니아(amines and ammonia)

- (휘발성)유기산 (Organic acids-Volatile)
- 인돌과 스카톨(indole and skatole)
- 약간의 메르캅탄과 황화물(trace mercaptans and sulfides)
- 그 황화물과 약간의 알데히드(disulfides and trace aldehydes)

이러한 물질의 대부분은 중화나 산화 혹은 이 두 가지를 혼합한 시설에 의하여 제거된다. 우리는 악취제거에 관하여 뒤에서 논할 것이다.

3.7.2 건조로에서 발생하는 입자

건조로에서 배출되는 가스는 그것의 부피에 따라 고 효율의 긴 튜브식 싸이크론식 집진기나 멀티 싸이크론으로 보내진다. 대부분의 건조로에서는 입자의 크기가 100+ ㎛보다 크다. 또한 먼지의 부하가 커서(18~30 gr/acf) 사이크론 자체만으로 제거가 쉽게 이루어진다. 그러나 불행하게도 이러한 입자는 매우 부스러지기 쉬워서 다시 말하면 표면에 충돌이나 마찰 등에 의해 잘게 부수어진다. 그러므로 싸이크론은 비교적 낮은 인입속도와 낮은 송풍통과속도를 가져야 한다. 인입속도는 55~65 ft/sec의 속도가 보통 사용된다.

긴 사용수명을 갖도록 하고 유지관리가 쉬운 싸이크론의 설계에는 다음과 같은 조건을 충족시켜야 한다.

- 내마모성 교환 가능한 라이너
- 상부 진입 가능하도록 싸이크론 상부전체를 프랜지로 체결
- 가스가 서서히 돌아 입자가 깨지는 것을 줄이기 위해 최소한 90° 의 인볼르트 인입각도
- 흐름이 정속이 되도록 긴 튜브
- 멀티-싸이크론인 경우 유체가 짧게 순회하는 것을 방지하기 위하여 호퍼에 배플 설치
- 부품을 좀 더 쉽게 분리하기 위하여 몸체에 러그(LUG)를 달아서 플랜지로 체결

가스켓은 전면형(full-face)의 네오플랜(neoprene)이나 석면(asbestos)을 사용하고 스텐인리스 강의 볼트, 너트 및 와셔를 사용한다. 싸이크론 몸통은 스테인리스 강을 사용한다. 단, 유사한 적용에서 탄소강을 사용하려면 보온해야 한다. 건조로에서는 거의 포화된 공기와 유기산을 배출하기 때문에 응축을 방지하기 위하여 비스테인리스 강의 제품에는 보온한다. 보온과 덕트에 관한 사항은 건조기 설치 시방서를 철저히 따라야 한다.

3.7.3 스크러버

싸이크론으로 들어가는 입자의 크기가 매우 클 때 매우 높은 사이크론의 효율이 보고 되고 있다 (약 90% 이상). 평균 인입먼지의 부하가 20 gr/acf일때 스크러버로 인입되는 먼지의 부하는 오직 0.4 gr/acf가 된다. 스크러버의 설계자는 그들의 스크러버의 설계에서 인입먼지부하변동을 고려하여 설계 인입먼지의 부하를 0.5~1.5 gr/acf 로 한다.

목적은 대기오염의 규제 치에 맞추기 위한 것이 아니고(이는 상대적으로 쉽다.) 악취 제거 단계에서의 화학약품 사용량을 줄이기 위해 가능한 많은 입자를 제거하는 것이다. 벤츄리에 서 제거되지 않은 모든 먼지양은 냄새제거 단계에서 중화나 산화를 위해 화학제가 필요하다.

그림 3.16에 나와 있는 효율곡선은 압력손실과 대략적인 배출 먼지농도를 나타낸 것이다. 잘 설계된 스크러버는 단지 10~14 in. w.c.의 압력손실만을 가지고 하루에 24시간 연속운전하면서 거의 모든 양의 먼지를 제거할 수 있다.

그림 3.17에 나타난 바와 같이 무노즐의(nozzle-free)가변형 벤츄리 스크러버는 이러한 응용분야에서 대부분 사용되고 있다. 다시 말하며 막힘 현상이 일어나는 스프레이 노즐을 없애서 항상 스크러버가 효과적으로 운전된다. 세정수는 공기속도와 세정수 속도의 큰 차이로 인하여 고속 벤츄리 목 부분에서 공기역학적으로 산화된다. 이는 파도의 끝에 강항 해풍이 불어서 생기는 분사현상과 매우 유사하게 절단하는 작용에 의해 작은 물방울을 만든다.

노즐을 사용하는 스크러버에서 노즐의 막힘 문제가 전혀 일어나지 않는 것은 노즐이 완전히 닳았다는 것을 의미한다. 이는 충분치 못한 기액 접촉이 되고 스크러버의 효율 감소를 동반한다. 뒤에 설치되는 악취제거장치는 자동적으로 조절되므로 어떠한 노즐의 문제는 결국에(즉각적으로) 화학약품의 소비량을 늘리고 시스템의 경제적인 손실의 증가를 가져온다.

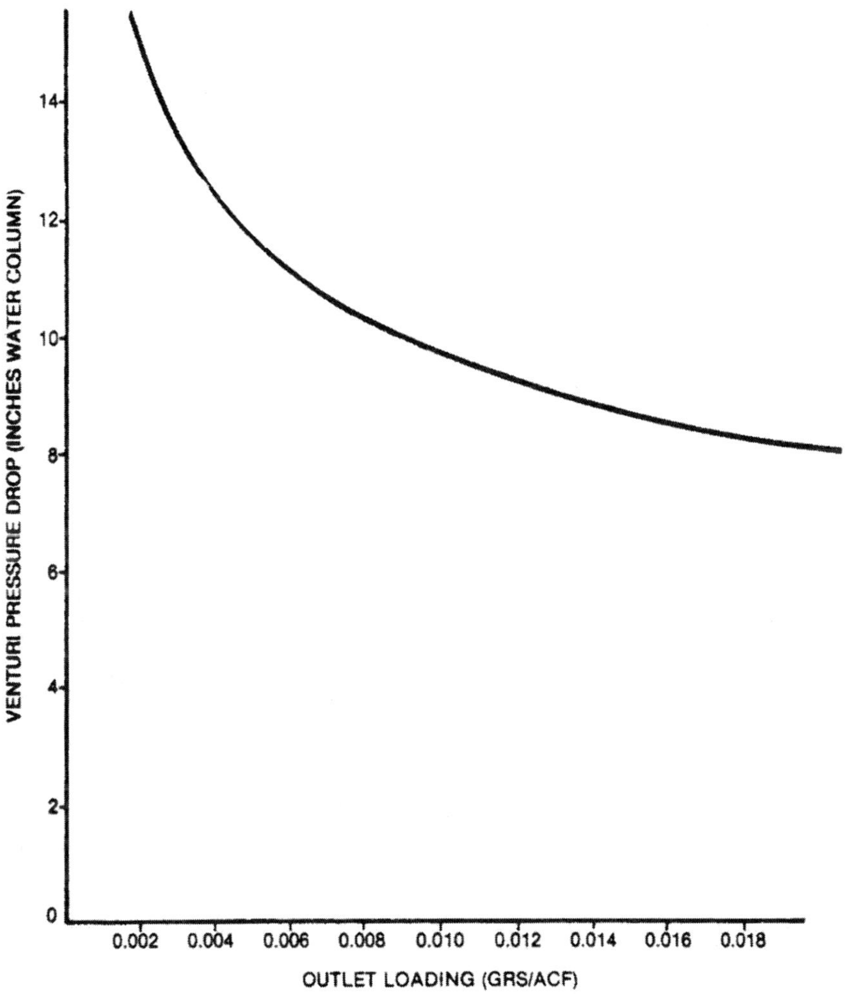

그림 3.16 오수 슬러지 건조기용 벤츄리 스크러버 출구부하 대 압력손실

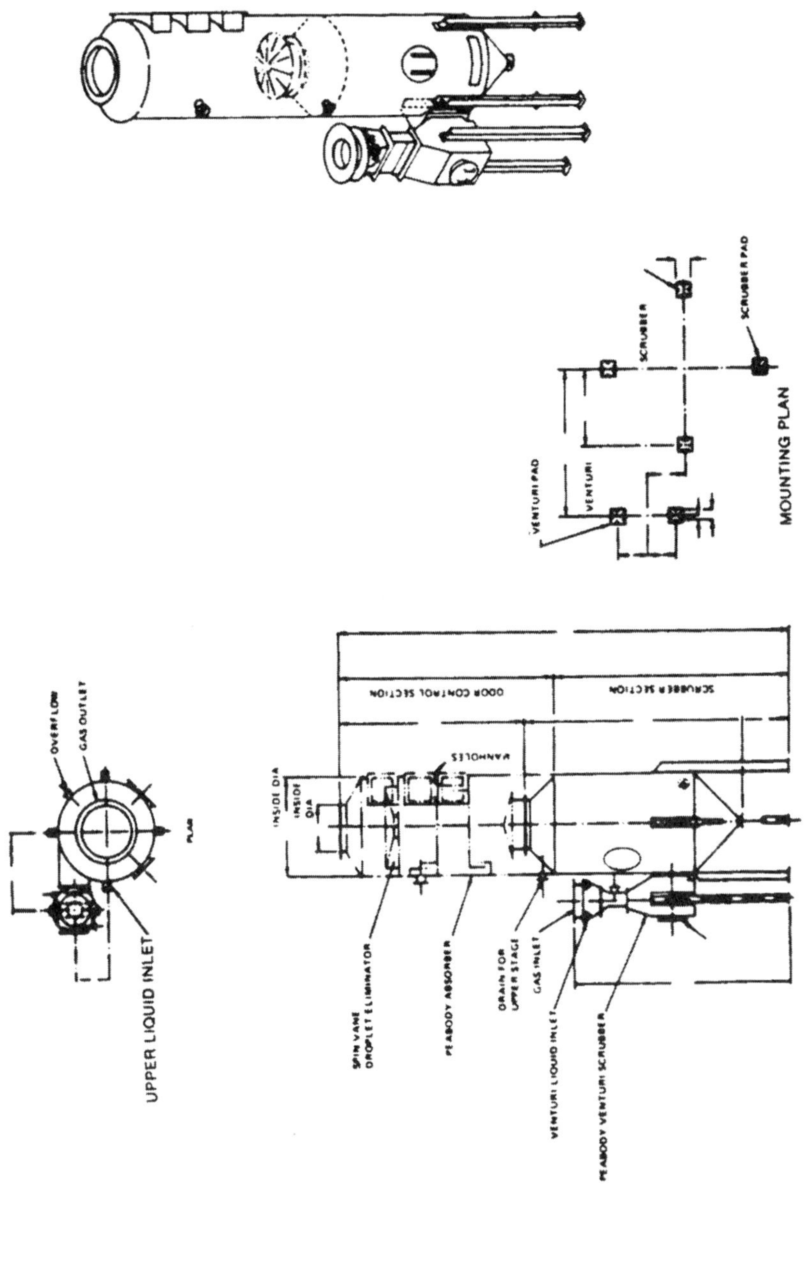

그림 3.17 하수슬러지 건조기를 위한 흡수액 가변형 벤츄리 스크러버

가변형 벤츄리의 목이 완전히 습식인 원형(round)나 그와 유사한 형상의 벤츄리 스크러버를 추천한다. 가변형에 의하며 건조기의 통풍력은 두 부분(벤츄리와 휀)에서 조절할 수 있고 따라서 높은 집진 효율과 일정한 노 내압을 유지시킨다. 만일 벤츄리의 압력손실을 줄인다면 통풍력이 증가되어 건조물질이 많이 딸려 나오고 건조 노내의 연소문제를 만들고 화학약품 투입량이 늘고 스크러버에서 더 많은 고형물질을 제거해내므로 가변형 벤츄리의 사용을 적극적으로 추천하는 이유이다.

3.7.4 기액분리장치(MIST ELIMINATOR)

스크러에서 배출되는 공기 중에서 물방울 제거하는 방법은 매우 다양하게 사용되고 있다. 그러나 그 의도는 같다. 악취제거단계로 동반(carryover)인입되기 전에 좀 더 많은 물방울을 제거한다는 것이다.

어떠한 곳에서는 chevron 배플형을 사용하고 어떠한 곳은 싸이크론식을 사용한다. 싸이크론식을 사용하는 것은 다음과 같은 이유로 많이 선호되고 있다.

(1) 유기물이 생성되는 표면적이 적다. 이는 일정시간 가동 후 악취 물질이 부패하는 확률을 줄이고

(2) 내부를 교체하거나 청소할 필요가 없으며

(3) 가격이 싸다.

쉐브론(chevron)배플 형은 주로 많은 에너지를 사용하여 물방울이 작게 형성되는 스크러버에 사용된다. 낮은 에너지를 사용하는 스크러버에서는 물방울의 입자가 상대적으로 크게 되어 싸이크론을 많이 사용한다. 단지 1 in.w.c. 의 압력손실만이 필요하다. 분리기(Separator)후단에서 입자의 부하는 단지 0.01 gr/acf이거나 좀 더 작게 되는 것이 일반적이다. 제거된 액체나 고체는 처리공장이나 다른 정해진 장소로 보내지게 된다.

3.7.5 악취 제거 단계

입자가 제거 되었으므로 이제 가스상의 물질을 제거하여야 한다. 기액분리기(Liquid/Gas Separator)를 지난 후 가스는 벤츄리스크러버에서 흡수탑으로 가스와 동반해서 들어가는 물방울을 줄이기 위한 배플을 통과하여야 한다. 이러한 배플은 여러 가지의 모양을 가질 수 있으나 이것은 배수가 잘 되어야 하고 또한 공간이 많아서 역압이 걸리지 않도록 해야 한다. 평균 원통 속도는 20 ft/sec를 공통적으로 사용한다.

다음에 가스는 흡수탑을 통과한다. 액상에서 화학반응이 일어나면서 가스는 우선 흡수가 일어나서 최대의 악취제거 된다. 염소(Cl_2)와 같은 가스를 첨가하여 가스상 반응은 부식성 증가와 독성을 가진 염화아민(chloramines)와 같은 물질의 증가로 인하여 특별히 고려되지 않는다. 이산화염소(ClO_2)의 투입은 고려하여야 하지만 높은 농도에서는 암모니아와 격렬하게 반응한다. 그러나 액상에서 효과적이고 산업 슬러리 비중이 높은 것을 건조할 때는 좋은 방법이다. 이러한 곳에서 사용하는 화학물질은 철염 촉매를 가진 과산화수소나 완충용액(potassium permanganate)이다.

과산화수소(hydrogen peroxide)는 물(H_2O)과 산소(O_2)로 분해되고 습식 악취제거용으로 매우 성능 좋은 것이 증명 되었으며 강제식와 중력식에 의한 방법으로 주입된다. 여기에서 중요한 점은 반응 시간이다. 과산화수소(Hydrogen peroxide)는 황화수소(H_2S)를 완전히 산화시키는데 약 3~5분이 소요된다. 약산용액(pH 6.5~7)을 사용할 경우 이것은 파운드 당 파운드 황원소를 생성한다. 산성세정수를 사용할 경우 가스에 존재하는 암모니아는 흡수되어서 중화되게 된다. 불행하게도 가정의 오수는 용해되면서 물의 pH를 높이게 된다.

그러므로 첫 번째의 스크러버(벤츄리스크러버)서는 pH조절 기능을 가지고 있어야 하며 암모니아를 제거하기 위하여 산성 물질을 투입 하여야 한다. 염소이온을 회로 내 형성하므로 염산을 사용하는 것보다는 상업적으로는 황산이 많이 이용된다.

흡수탑 회로에 pH조절장치를 설치해서 pH의 값이 올라가는 것은 암모니아의 동반배출(carryover)이 줄어드는 것을 표시한다. 따라서 첫 번째 단의 펌프 인입에 투입하는 산량 증가분을 제어한다. 벤츄리에서는 강산이 매우 효과적이며 반면 흡수탑에서는 가장 큰 효과적인 pH점에서 관찰하도록 한다. 윗단에 산화-환원 측정기(ORP meter)를 설치하여 과산화수소(H_2O_2)와 촉매를 필요한 양만을 공급하여 화학적 평형을 이루게 한다. 과망간산염이 사용될 경우 pH의 값은 경험치인 8.5~9의 '초기선택'에서부터 변하게 된다.

불행하게도 과망간산염은 이산화망간(manganese dioxide)을 남기게 되어 충진탑이나 트레이 타워(tray tower)에서 가동 시 문제를 남길 수 있다. 또한 과망간산염은 다른 산화제에 비하여 비싸다는 단점이 있다.

모든 악취를 발생하는 배출물질은 친수성이기 때문에 표준 흡수탑이 추천된다. 충진물은 과거 비료 건조기용으로 사용되었으나 소각로에서 발생하는 슬러지나 여러 다양한 형태의 건조로에서 적용되는 트레이 흡수탑은 더 높이가 낮고 세정수가 절감된다. 이것은 다음과 같은 이점이 있다.

- 액체압력이 단지 3~5 psig만이 소요된다.
- 분사 노즐이 없어서 막힘 현상이 일어날 염려가 없다.
- 많은 슬러지 소각로에 성공적으로 사용되고 있다.
- 트레이는 충진물보다 제거나 보수가 용이하다.
- 용기의 높이가 낮다.
- 쉽게 구할 수 있다.

충진물의 두께는 보통 4~6 ft이거나 두 단의 충돌형 트레이면 충분하다. 충진물에서는 액기비가 12 gal/1000 acfm 이고 트레이는 4 gal/1000 acfm을 일반적으로 사용한다.

가스는 기액분리장치(mist eliminator)를 통과한다. 트레이 흡수시설에서는 스프레이 노즐을 사용하지 않기 때문에 물방울을 제거하는 데는 쉐브론(chevron) 배플형태의 기액분리장치(mist eliminator)를 사용하면 충분하다. 분사 분포되는 충진탑의 경우 망형 기액분리장치(mist eliminator)를 추천한다. 단 주기적으로 고형물을 청소할 수 있는 장치를 둔다.

이제 이러한 단계를 통과한 가스는 악취가 없고 입자의 함유도는 0.01 gr/acf 이하가 된다. 그러나 배출되는 가스의 온도는 150~170°F 수증기 포화상태이다.

그러므로 어떤 경우에는 백연현상을 줄이기 위해 흡수탑의 후단에 3ft의 충진재 1단으로 된 냉각기를 설치하는 것이 바람직하다. 이것은 백연이 민원이 될 수 있는 도심지역에서는 매우 중요한 문제이다.

입구 프랜지와 출구 프랜지에서 잰 총 압력손실은 충진탑에서는 약 16~18 in.w.c.가 되며 트레이(tray) 흡수시설에서는 약 14~16 in.w.c.가 된다. 소각로 스크러버는 같은 용량에 대하여 30~36 in. w.c.의 압력손실을 가지게 된다. 슬러지를 건조하는 것은 다른 폐기물 처리방법과 비교하여 매우 큰 이점이 있다. 건조로에서 이용된 세정 집진기는 소각로보다 훨씬 효율이 좋으며 또한 입자의 크기가 크고 온도가 낮으며 악취의 휘발성이 낮아서 적은 에너지을 소비한다. 스크러버의 설계에서는 이러한 대안들을 분석하는 일은 매우 중요한 것이다. 표 3.9는 슬러지 건조기용 스크러버의 응용설계지침이다.

표 3.9 슬러지 건조용 스크러버 응용설계 지침

Type of Scrubber	Venturi, rectangular throat
Throat	Adjustable damper blade
Actuation	Manual
Materials	316L stainless steel
Access Ports	Liquid shelf, removable headers
Pressure Drop	8-14 in.w.c.
Outlet Grain Loading	Less than 0.05 gr/scf
Inlet Temperature	180-250°F
Outlet Temperature	165-178°F(high outlet humidity)
L/G	6-8 gal/1000 acf
Droplet Control	
Separator Type	Cyclonic with second-stage absorber(packed or tray)
Inlet Velocity	90 ft/sec tangential velocity
Outlet Velocity	30 ft/sec for stack; 55 ft/sec for ductwork
Test Method	Method 5, analyze impinger catch for specific odors residual materials
Special Considerations	Abrasion-moderate; wear plate on separator inlet. Corrosion-high; pH control on both stages or water once-through

3.8 산업 보일러용 스크러버

산업용 열 공급원인 정제유와 가스가격이 올라감으로써 좀더 쉽게 구할 수 있으면 싼 연료를 이용할 수 있는 장치의 설계검토와 실행계획이 촉구되는 실정이다. 그러나 No.6 기름(oil)이나 석탄과 같은 이러한 연료는 기존의 정제유나 기름을 땔 때보다 많은 입자상과 가스상의 오염물질을 배출한다.

이러한 오염물질의 영향을 감소시키는 방법은 개량된 연소 공정이나 완벽하게 설계된 대기 청정장치에 의하여 이루어진다. 전자의 경우는 배출가스의 중산소농도나 가연물 감지기를 이용하여 과잉공기량 조절, 정밀한 온도 조절, 연료 청정처리, 난류 증대 및 기타 연소과정의 조절 장치 등을 통해 이룬다.

대기오염물질 정화장치는 좀 더 많은 것을 포함한다. 설계자는 이를 설계할 때 다음과 같은 세 가지의 문제를 만나게 된다.

- 입자물질 제거장치 설계
- 이산화황 제거장치 설계
- 폐기물 처리

설계는 열원에 따라서가 아니라 최종적인 폐기물의 처리 조건에 따라서 시작된다. 폐기물이 적절하게 처리되도록 기계장치를 설계한다.

인구 밀집지역에 위치한 공장에서는 슬러지를 분리하고 처리하기 위한 거대한 침지용 연못이 필요한 설계를 하면 안 된다. 그러나 법규사항과 설치위치에 적합한 고효율의 방지시설 이어야 한다. 설계자는 작으면서 카트 운반식 폐기물 처리 장치의 매우 효과적인 방지시설을 놓는다. 또한 엔지니어는 폐기물의 지역 내 처리 방법과 가격, 복잡성, 그리고 갑작스러운 폐쇄의 위험 등을 고려하여야 한다. 향후 생길 “숨겨진” 모든 비용을 포함하여 값싼 연료로 전화 사용하기 위해 비용에 대한 경제적인 분석을 하여야 한다.

시골에 위치한 공장을 디자인할 때는 가격, SO_2 제거용 화학제 수입의 복잡성, 미래의 증설, 슬러지를 처리할 수 있는 연못의 공간, 약품의 저장, 처리 비용과 기타 여러 가지의 공장운전에 최고로 좋은 방지시설의 형태를 결정하는 요소를 고려하여야 한다. 이곳에서는 좀 더 값싼 연료를 사용하려고 하는 것이 오히려 비용이 더 들 수도 있다. 폐기물을 처리하기 위한 소각시설이 발전용으로 사용되어 전기비가 절감될 수 있다.

청정연료를 사용하는 폐열 발전시설을 설치하면 전기비를 줄여서 운전비의 실제금액을 낮출 수 있다. 그러나 수많은 사례를 통해서 기본자료, 설계내용 및 경제성의 관점을 달리해서 검토하여야 한다.

3.8.1 입자의 제거

산업용 보일러 입자제거장치로는 싸이크론 집진기. 벤츄리 스크러버, 싸이크론닉 스크러버, 백 휠터와 전기 집진기를 사용한다. 석탄을 연료로 하는 보일러에서는 석탄은 빈통(Knock-out Chamber)나 싸이크론 집진기를 사용하여 입자를 제거한다. 큰 직경의 싸이크론은 일반적으로 50 ㎛이상의 입자를 제거하며 매우 쉽게 작은 입자로 되지 않는다. 작은 직경의 싸이크론(4-,6-,8-,10-,18-,in)는 10~20 ㎛의 입자를 제거하지만 큰 입자를 작은 입자로 쪼개는 경향이 있다. 멀티 싸이크론 장치를 가진 보일러에서 10 ㎛이하의 입자가 주로 많은 입경분포를 갖는 것은 일반적이다. 무게비 배출비율 기준으로는 멀티 싸이크론은 좀 더 많은 입자를 제거 하지만 후단에 다른 특수 집진 장치를 설치하는 부담이 있다. 그러므로 설계자는 작은 직경의 입자를 제거하는 멀티 싸이크론보다 스크러버 전단에 큰 직경의 굵은 입자를 제거할 수 있는 싸이클론으로 놓는 것을 선호한다. 그러나 불행하게도 과거에는 환경 기준치에 맞추기 위하여 많은 보일러에서는 멀티 사이클론을 사용 하여왔다.

습식 스크러버의 설계 선정전에 기존 싸이크론 집진기의 전단과 후단에서 포집 입자의 크기를 분석하는 것이 바람직하다.

멀티 싸이크론이 사용된 경우 만일 입자의 크기분포가 매우 많이 치우쳐 있다면(5 ㎛이하의 입자가 25% 이상 증가) 큰 직경을 가진 싸이크론은 교체할 것을 제안한다. 많은 경우 스크러버에서 필요한 압력손실은 매우 작을 수 있다. 이는 건식 집진기의 투자비를 더 짧은 시간에 회수 하고 마모 손실을 줄인다.

장치를 새로 설치하는 경우 설계자는 50 ㎛이상의 입자를 제거하고자 하면 단지 싸이클론만을 설치할 것을 고려한다. 이것만으로 입자 규제값을 맞추지 못할지도 모른다. 이것은 스크러버에 인입되는 각종 입자 먼지의 부하를 줄여서 스크러버의 마모를 감소시키면서도 에너지의 소비량을 최소로 줄인다.

스크러버로 인입되는 정확한 양의 입자부하가 결정되어야 한다. 기존의 시설에서 연소재(flue ash)처리장치는 배출먼지가 새는 현상과 가동에 의한 다른 손상에 대하여 연구되어 왔다. 스크러버나 흡수탑에 설치된 경우 성능에는 별 문제가 안 된다.

습식 스크러버는 보일러의 먼지의 부하를 기준치 이하로 줄이고 다음 단계에서 SO_2를 제거하도록 가스를 전처리하고 보일러는 노 내압이 조절 되도록 하고 이러한 것이 될 수 있으면 간단하게 이루어질 수 있어야 한다. 설계자는 이러한 요구를 충족시키기 위하여 벤츄리 스크러버를 보통 선택한다. 그러나 여러 단을 가진 트레이와 싸이크론이 사용되기도 한다. (전자는 기름 탱크 보일러 이너트 가스(inert gas)장치에 사용되고 후자는 폐유를 연료로 하는 보일러에서 사용된다.) 벤츄리 스크러버는 일반적으로 응용분야에 따라 6~20 in.w.c.의 압력손실을 갖도록 가변형으로 한다. 다른 경우에서처럼 경험과 자료(입자크기우선)를 이용해서 결정한다. 설계자는 다음 내용과 관련된 자료를 구해야 한다.

(1) 인입되는 입자의 크기 분석
(2) 연료에 대한 최종 분석
(3) 보충수의 분석
(4) 보일러 설계시 CO_2배출 조건
(5) 보일러의 부하 변동 필요성
(6) 연료 연소실의 형태
(7) 설치 장소의 배치
(8) 공장과 그 주변의 현장 계획

(1) 항은 1.3단원에서 설명한 것처럼 필요한 압력손실을 우선 측정하기 위하여 필요하다.

(2) 항은 1 ㎛이하의 입자의 존재 가능성을 추적하기 위하여 필요하다. 최종 분석은 응축에 의하여 발생하는 1 ㎛이하인 금속 입자에 대한 연구이다.

이러한 종류는 바나듐(Vanadium), 실리콘(Silicon), 나트륨(Sodium), 마그네슘(Magnesium)과 다른 금속들로 연료에 섞여 있는 유기금속화합물이다. 연료에 대한 완전한 분석이 없는입자의 크기 분석은 믿을 수 없다. 바나듐이 많이 포함된 No.6 의 연료를 태우는 경우 벤츄리 스크러버의 압력손실을 3~6 in.w.c.를 더 크게 한다. 미래에 사용될 대체연료에 대해서도 분석이 이루어진 후에 스크러버와 송풍기에 대한 적절한 크기를 정할 수 있다.

(3) 번 항은 보충수의 높은 염소 농도와 용해된 염량은 심지어는 스테인리스강으로 된 스크러버까지 망가뜨릴 수 있기 때문에 중요하다. 보일러 스크러버 시설에서는 화학적 혼합이 안전한 방법이 아니다. 황산과 염산 등은 일반적으로 상승된 온도에서 나트륨이나 칼슘 등의 알칼리와 섞는다. 또한 스크러버 입구 지역(고온부) 보충수 안에 나트륨등이 포함된 보충수를 뿌리는 것은 이러한 성분을 건조시켜서 1 ㎛이하의 흄을 만들 수 있다. 많은 경우에 배연탈황시설에서 물을 사용하는 것보다 순수를 혼합사용하는 것이 더 좋다.

(4) 번 항은 배출가스를 CO_2양에 따라 조정할 경우 이를 보정된 출구 부하량을 결정하기 위하여 필요하다. 대부분의 법규 CO_2농도 12%를 기준으로 한다. 그러므로 배가스 중 평균 CO_2농도가 낮은 장치에서는 배출농도가 더 낮아야 한다. 따라서 버너를 훌륭하게 조절하여 연소성능을 최대화시키고 CO_2의 농도를 높이도록 한다.

(5) 항의 보일러의 부하변동 필요성은 스크러버의 가동범위를 설정한다. 만일 배가스 중 CO_2의 농도가 부하변동에 따라 변한다면 압력손실을 최저와 최대 연소율에 따라 계산하여야 함을 알아야 한다. 또한 보일러의 의도된 역활(언제나 돌리는지. 피크때 만, 예비로 돌리는지)을 알아야 한다. 자동 통풍 조절장치는 역활에 맞추어 정해진 값에 의해 조절된다. 피크나 예비용 보일러의 응축수 회수는 순환수 탱크와 예비시설 및 봉인수(liquid seal)의 여유분을 결정하는데 중요하다.

(6) 항은 연료 연소실의 형태로서 또한 중요하다. 높은 난류를 일으키는 석탄가루를 사용하는 버너는 훌륭하게 열을 방출하고 매우 미세한 입자를 발생한다. 급탄식(Stoker-fired) 보일러는 매우 높은 과잉 공기를 사용하는 경향이 있지만 입자의 부하를 줄이는 경향이 있다. 이러한 자료는 주어진 입경을 전체적으로 전망, 분석하는데 도움을 줄 것이다. 급탄식 보일러에서 평상시와 다르게 1 ㎛이하의 입자가 많이 나오는 것은 시험가동 동안 중에 사용한 특수연료를 가루 형태의 연료를 사용하였기 때문이다. 가끔씩은 가스 청정 장치보다는 연료의 종류를 바꾸는 것이 더 효과적일 때가 있다.

(7) 항과 (8)항은 설계자가 공장의 조건에 맞추어 적절한 스크러버를 선택할 수 있게 도와준다. 설계자는 하나의 용기에서 입자를 제거하고 완전히 다른 용기에서 SO_2를 제거하기를 원할 지도 모른다. 설계자는 이들을 하나의 단위로 조합해야 할지도 모른다. 설계자는 폐수 처리시설을 스크러버 바로 아래 위치시키거나 다른 장치에 펌프를 이용하여 이동시킬 수도 있다. 추가로 연결되는 연결 덕트는 스크러버에 바로 연결되거나 무척 많은 수정작업이 필요할지도 모른다.

스크러버의 굴뚝은 키 큰 굴뚝을 가진 건물에서 떨어져 있어야 하며 가장 나쁜 배열은 포화상태의 가스를 배출시키는 것이다. 또는 자금을 아끼기 위하여 기존의 스택에 연결 할 수도 있다. 비록 신규시설이 1층 바닥부터 시작되도록 계획이 되었더라도 현장의 조건은 모든 시설을 설계하는데 매우 중요한 제작사양이 된다. 주위의 환경도 적절한 확산을 위해 필요한 굴뚝의 높이를 결정하는데 중요한 작용을 한다.

3.8.2 가스 흡수

산업용 보일러에서 적용되는 스크러버의 탁월한 기능은 SO_2의 흡수이다. 사용될 슬러지의 처리시설의 종류에 따라서 가스의 흡수시설은 여러 가지의 형식이 존재한다. 이러한 슬러지의 처리시설은 두 가지의 큰 종류로 나누어진다.

(1) 회수가능 또는 재생가능 시설 : 흡수된 SO_2는 화학적으로 처리하여 재사용이 가능, 단, 재판매 불가한 물질로 만들어진다. 이러한 물질로는 벽판(wallboard)을 만드는 석고(gypsum)나, 황 원소, 황산 및 SO_2(sulfur dioxide)들이다.

(2) 일회용시설 : 이러한 것은 부산물에 대한 처리가 이루어져야 하기 때문에 '저장시설'로 표현되는 편이 더 좋을 듯싶다. 왜냐하면 일단 침전용 연못에서 생성된 후 그리고 수 년이 지난 후에는 저장면적을 키우던지 혹은 굴삭하여 처리되어야 한다. 이러한 폐기물은 시장성이 거의 없다. 이러한 물질의 대표적인 것은 석고(calcium sulfate)이다.

이러한 시설은 흡수 회로에서는 순환식인 반면 슬러지 처리회로에서는 뱃치(Batch)식이다. 가스의 흡수 장치는 전체의 시설에 대해서는 작은 부분이 되고 젖은 화학물질 처리가 매우 중요한 일이 된다.

표 3.10은 FGD 시설에서 몇 가지의 상업적인 응용되는 내용다. 일반적으로 말하면 재생방식장치는 가스중의 입자상의 물질을 완벽히 제거하여 여과집진기(Bag House) 등을 사용한다.

많은 경우에 98%이상의 효율이 요구된다. 또한 심지어는 아주 작은 양의 마모성 입자가 재생시설 가동 시 문제를 일으킬 수 있다. 벤츄리 스크러버는 석탄

표 3.10 재생식 FGD 시스템

Process	Reagent, Primary	Product
Double alkali (dual alkali)	Sodium h=gydroxide	Calcium sulfate (caustic returned)
Dilute sulfuric acid	Sulfuric acid	Calcium sulfate (acid returned)
Wellman-Lord	Sodium sulfite	SO_2
Magnesium oxide	magnesium oxide	SO_2
Citrate	Sodium citrate	Sulfur

보일러에서 적절한 효율을 갖기 위해서는 6~15 in.w.c.의 압력손실을 가져야

한다.

가벼운 재가 배연 탈황시설에 쌓이게 되면 시설의 가동 수명을 줄이고 생산품의 질을 떨어뜨리게 된다. 많은 FGD 파이롯 재생 시설은 잘 가동하지만 실제크기(full-scale)로 만들어 가동하면 많은 문제를 일으킨다. 파이롯 시설은 예상되는 실제 배 가스 체적의 10% 또는 그 이상의 크기로 할 것을 제안한다.

재생시설의 흡수탑은 더 많은 양의 입자상 물질을 처리하는 시설에서의 개구면적보다 더 작은 개구면적을 갖도록 한다. 이러한 가스의 흡수탑 으로는 트레이 탑(tray tower), 분사탑(spray tower), 버블캡 트레이탑(bubble cap tray tower), 충진탑 혹은 앞에서 언급한 다른 시설들이 이용된다. 일반적으로 이러한 흡수탑은 요구되는 최종 생산물은 대부분의 경우 그들의 증기압 효과 때문에 희석된 세정수를 사용한다. 농축된 용액은 재 증발작용(Stripping Action)을 통하여 다른 오염물질을 방출 시킬 수 있다. 많은 시설에서는 초기에 가동할 때 액상화학반응을 위하여 황산염(Sulfate)나 아황산염 래디칼(Sulfite radical)의 운반자 역할을 하는 탄산소다(Sodium Carbonate), 가성소사(Sodium Hydroxide)나 다른 알칼리 용액을 사용한다. 그러므로 흡수탑에서의 회로는 뱃치형(Batch)로 한다. 이러한 다양한 화학적인 작용에 대해서는 수많은 서적을 참고하기 바란다.

선호하는 흡수탑은 가스흐름의 단위체적 당 가장 큰 표면적이 나오는 통의 분사탑(Spray tower)이나 유사장치이다. 효율이 좋으면서도 웨어, 캡, 배플 등의 장치는 정해진 압력손실의 요구값이 높지 않고 내부적으로 복잡하지도 않다. 저농도 중화제에서 액기비(25~100 gal/1000 ft^3)는 높다. 수많은 반응이 매우 천천히 일어나서 유보 탱크(Holding tank)가 필요하다. 이러한 경우에 반드시 흡수탑 유보 탱크로 바로 또는 가장 짧은 길이로 배출 되도록 한다. 가용성 알칼리가 사용 되더라도 스케일 생성을 감소시키고 잔여 재의 축적을 줄이기 위해 수평 흡수탑을 피한다. 흡수탑과 유보탱크의 사이에는 유전상 문제를 일으키는 것을 피하기 위하여 펌프를 사용하지 않는다.

유보탱크에서는 고형물이 쌓이는 것을 방지하기 위하여 교반기(Agitator)와 반대방향으로 물을 분사시켜주는 장치(Blow-Back)를 설치한다. 탱크에 있는 물은 가능한 완전히 자연 배출 되게 하고 펌프로만 배출되지 않게 설계한다. pH를 측정기와 같은 계측기기는 계속 뒤 섞이는 흐름에 노출한 경우 스틸링 웰

(Stilling Well)로 완전히 보호되도록 한다. 이러한 측정부는 완전하게 접근 가능하도록 하고 반드시 예비품을 준비하도록 한다. 내부에 설치된 탱크는 오염물질을 증발시키고 증기와 함께 중화제도 증발시킨다. 그러므로 뚜껑과 벤트(vent)가 있는 탱크를 추천한다.

이러한 덮개는 작업자가 진입할 수 있도록 가능한 완전히 분리가능 하도록 한다. 고무라이닝 된 탱크는 미리 라이닝 된 표면에 용접해야하는 불상사를 줄이기 위해 공장에서 용접용 크립(Welding clip)을 설치하도록 한다. 설치한 후 라이닝은 라이닝의 마모나 분해를 훗날 확인하기 위해 접근하도록 만든 어떤 한곳에서 두께를 확인해야 한다. 만일 열선장치(Heating tracing)을 한다면 운전자가 외부에서 조작가능 하도록 한다.

흡수용액은 일반적으로 열을 빼앗기는 공정으로부터 되돌아오므로 흡수탑은 보통 수증기를 응축한다. (특히 입자제거용 습식 스크러버가 뒤에 설치된 경우), 이것은 흡수탑 회로 내수증기량을 확실히 늘리는 원인이 된다. 이 응축수가 중화제를 희석시키고 회로 내 수분량평형 값을 보상하는 역할을 함에는 틀림이 없다. 많은 경우에 이 응축수가 흡수탑으로부터 비싼 일부 알카리 용액을 강제로 배출(Bleed)시키는 역할을 한다. 그리하여 물리적으로 물의 수위를 유지한다. 이런 배출(Bleed)이 샤워수(Shower water), 화학약품 희석수 또 혼합수로 사용되지 않는 경우 설계범위는 반드시 이 배출량의 수 처리 방법까지 포함 해야 한다. 하나의 방법으로 남는 물(excese water)를 보충수로 입자제거 회로에 보내는것이다. 만일 이 흐름에 용해성 알칼리가 있다면 연소재(fly ash) 배출장치에 불용성 염이 존재하고 있다는 효과를 예상해야 한다. 만일 건식 1차로 집진기가 사용된다면 이 물속에 축적된 물질도 중요하다. 특히 역 흐름(count flow)식 흡수탑이 사용되는 경우에 그렇다(가장 차가운 세정수가 가스를 만나므로). 증발율은 만일 평형에 흡수탑 내의 수증기의 응축양이 포함되지 않는 경우에 이론적인 양은 감소한다. 일회용 시설(Throw away)은 폐수나 폐 슬러지의 궁극적인 폐기처리를 무시한다면 설계가 훨씬 쉽다. 더 많은 양을 처리하면서 사용 화학약품은 적게하려는 설계자의 결정에 따라 많은 경우에 슬러지는 땅이나 연못에 묻어 버린다.

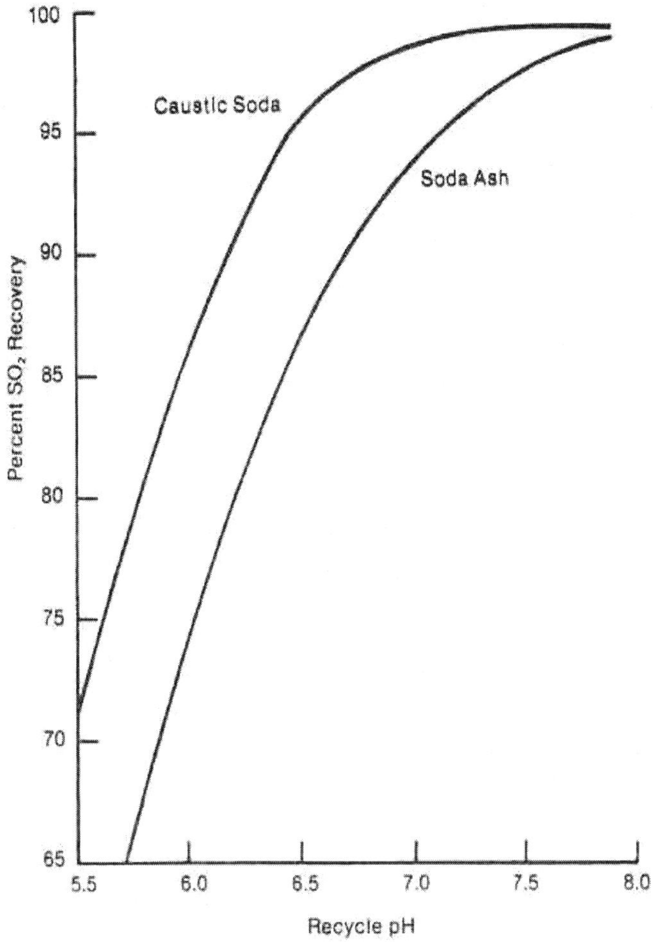

그림 3.18 Sulfur dioxide recovery vs. recycle pH (source: Dow Chemical USA).

슬러지의 최종처리 방안이 스크러버 시설의 설계를 결정한다. 가성소다(Sodium Hydroxide)나 탄산소다(Sodium carbonate)를 사용해서 SO_2를 흡수하는 용해성 알칼리 시설은 시멘트 종이 만드는 공장같이 생성되는 황산염(Sodium Sulfite)과 아황산염(Sulfate)을 재사용하는 장치에 잘 맞는다.

이러한 스크러버는 설계가 단순하다. 저 에너지(6~12 in.w.c.)의 가변형 벤츄리와 그 다음에 트레이 흡수탑이나 충진물 탑을 사용한다. 어떤 장치는 가성 소다가 SO_2와 높게 반응하여 흡수탑을 사용하지 않고도 80%의 SO_2제거 효율을 낸다.

연소재(fly ash)는 가라앉혀서 배출해 내고 상층수는 공정으로 되돌려 보낸다. 이것 역시 알칼리(Dual akali) 장치 중 첫 단계이다. 그 다음에 이중 알칼리 장치에서 액체흐름은 황산염(Calcium Sulfate) 고형물과 첫 단계로 회수되는 가성소다 상층수가 생겨서 석고(lime)를 소화(slake) 시킨다. 따라서 이것은 일회성 시설(Calcium Sulfate를 땅에 묻어 버림)과 재생시설(가성소다를 스크러버로 되돌려 보냄)이 하나의 장치로 구성된다.

불행하게도 비수용성 화합물의 교차 이주(cross migration)가 발생하기 때문에 스크러버 안에서 가동 중에 문제(스케일, 부식 등)를 발생 하게 되다. 반복하건대 흡수탑에서 응축이 발생하기 때문에 각각의 특별한 장치에서는 액체 수지를 맞출 필요가 있다. 벤츄리에서 인입부분에 가성소다가 건조상태로 분사되는 것을 피하기 위하여 보충수가 단독으로 벤츄리의 뜨거운 부분에 회수된 가성소다와 함께 뿌려진다. 가스의 온도는 400°F이하가 되면 흡수탑의 수위 조절이 벤츄리의 순환 회로에 추가되는 순환수량를 즉각 증가시킨다. 이러한 응답(Feed Back) 조절장치는 2단의 스크러버에서의 액수위의 "급격한 변화(Hunting)"에 대체하는 일반적인 것이다. 변동이 작은 장치는 센서를 사용하고 가장 예민한 장치는(보통 scrubber)는 (보통 흡수탑으로 증발 발생장소보다 앞에 있고 동반량 배출량이 많아서) 조절밸브에 반응값을 사용한다.

이러한 것은 수위조절, pH와 전도율 측정에 적용 된다.

3.8.3 스크러버 시설 구성 요소

석회나 석회석을 사용하는 시설은 5개의 주요 분야가 있으며 각각은 물질수지를 맞추어야 한다.

(1) 슬러리 준비

(2) 흡수탑

(3) 재사용 / 유보 탱크

(4) 세척 탱크

(5) 폐기물 처리

석회나 석회석은 완전히 물과 섞이게 되고 폐기물 처리 공정에서 상층수는 재사용된다.

이러한 슬러리를 교반기(Agitator)로 섞어서 무게비 고형물 농도는 15%가 된다. 고무로 라이닝된 원심 펌프로 슬러리를 흡수탑에 연속적인 흐름 루프(Loop)를 통해 살포한다. 슬러리의 추가공급량은 pH측정기에 의해 회수되는 밸브로 하고 밀도측정기로 희석 정도를 조절한다.

흡수탑은 트레이 타워(tray tower)일수도 있으나 대부분은 개방형의 분사탑(spray tower)을 주로 사용한다. 분사탑은 가스와 액체의 교환에 필요한 표면적을 만들기 위해 유압으로 무화시킨 세정액의 분사여부에 성능이 좌우된다. 알칼리를 분사하면 격렬하게 반응하여 유황산을 생성하도록 물로 분사하는 예비 가능 장치를 사용하기도 한다. 만일 알칼리가 불충분하다면 반응에 의해 단단하거나 부드러운 스케일의 침전물이 생길 수 있다. 그러므로 세정수의 물질수지를 고려할 때는 흡수탑 내의 어느 부분에서도 액체 포화 상태로 만들어서는 안 된다. 이것은 폐수 처리시설 중 침전 단계에서 상층수를 되돌려 보내고 쉐브론기액분리장치(Chevron mist eliminator)나 세척 탱크에 신수를 보충하므로 서 해결할 수 있다. 여기는 SO_2와 반응할 수 있는 알칼리가 항상 존재한다.

일반적으로 흡수탑은 스프레이 헤드가 있는 수직이나 수평이 챔버이다. 가끔 흡수장치 안에 난류를 증가시키기 위해 특수 장치가 사용된다. 표 3.11은 흡수탑의 여러 가지 부품의 일반적인 설계 일부이다.

재생시설에서는 석회, 석회석 흡수장치가 가장 중요한 부분 중의 하나이다. 완전한 아황산염(Sulfate)으로의 화학반응에 걸리는 시간은 10분 정도 예상된다. 이것은 부분적으로 반응된 세정액이 흡수탑으로 재 유입되어 스케일 되는 것을 피하기 위하여 충분한 지체시간이 필요하다. 따라서 교반기(agitator)가 부착된 재생 탱크는 약 10분의 유보 시간에 맞는 용량이어야 한다. 때론 수천 개론(gallon)의 용량이 필요하다.

표 3.11 흡수탑 응용 설계지침

Specify: spray tower vertical velocity. 8~10 ft/sec
Header velocities, 6~8 ft/sec
Chevron mist eliminators face velocity, 550 ftmin based on open area (800 ft;min max.)
Pressure drop, 0.5~1.5 in. w.c.
Chemical and Liquid Requirements(for limestone scrubber):

Emission Rate	Mol Limestone/Mol SO_2	Required L/G, gal/1000 acf Saturated Gal
1.5 lb $SO_2/10^6$ Btu	0.65~0.45	50
1.0 lb $SO_2/10^6$ Btu	0.75~0.8	80
0.5 lb $SO_2/10^6$ Btu	0.9~0.95	90

이것은 높은 액기비(L/G)에 의해 부추겨지고 이 높은 액기비는 차례로 유체적 힘에 의해 흡수 표면적을 만들 필요성에 의해 부추겨진다. 단위 체적 당 표면적은 노즐의 바로 앞에서 발생하며 노즐에서 멀어 질수록 표면적은 줄어드는 것으로 알려져 있다. 그림 3.19에 있는 캐틴어리 그리드 스크러버(Catenary Grid Scrubber)와 같은 새로운 장치에서는 넓은 공간이 있는 철사를 그리드로 사용하며 이것은 세정수를 다시 한 번 쪼개주는 역할을 한다.

이것은 세정수의 총 표면적을 증가시키고 고압 또는 기타 저효율의 분무기술을 사용하지 않고도 단위체적당 흡수 능력을 증가시킨다.

폐기물 처리시설에는 탈수장치 (진공훨터, 정화기, 또는 복합된 장치), 유보탱크, 상층수 회수장치가 있다. 보통 상층수로 불리는 겉물 또는 훨터로 거른물은 다시 샤워물이나 보충수로 재사용된다. 유보탱크(hold up tank)는 세정수의 흐름이 끊길때를 대비하여 설치한다. 이것은 또한 폐기물 처리시설을 흡수탑의 회로를 돌리지 않고도 운전할 수 있도록 해줌으로써 스크러버 초기가동에 도움을 준다.

가끔씩 폐수는 침지연못으로 보내진다. 이러한 용해성 고형물(적은 양의 염화금속)과 부유성 고형물(calcium Sulfate나 sulfite) 그리고 물을 포함한 혼합물을 가끔씩 입자제거장치로부터 회수된 재(fly ash)와 혼합한다. 이러한 것을 배출하기 위해서는 충분한 장치가 반드시 있어야 한다. 이점이 일회성 장치(throwaway)와

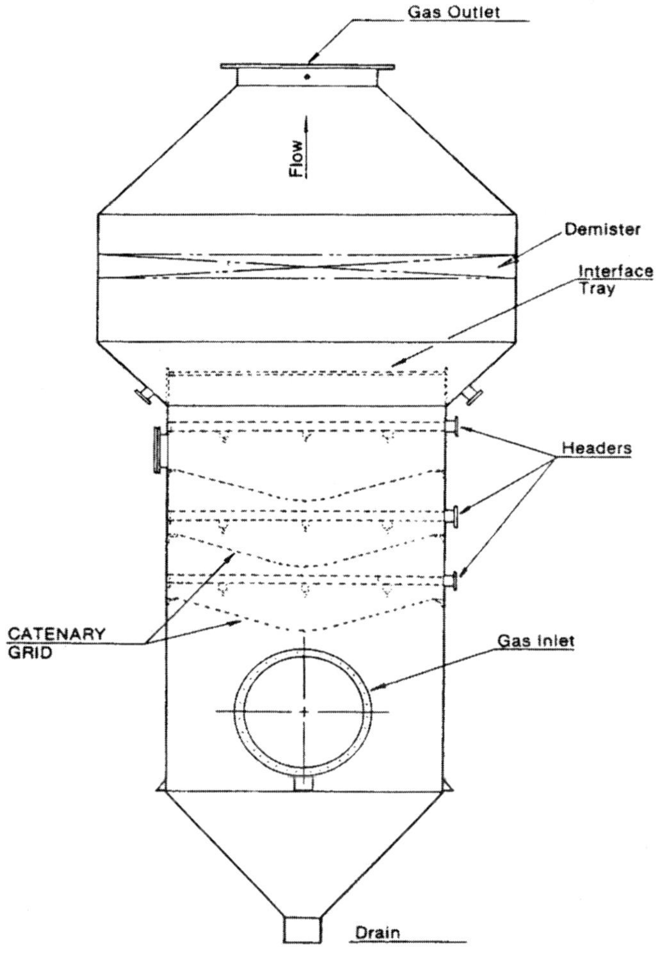

그림 3.19 Catenary Grid Absorber®(patented).

비교 취약점이다. 고형물 처리시설의 비용과 복잡성은 반드시 투자비의 중요한 부분이므로 조사되어야 한다.

가성소다(Sodium hydroxide)나 탄산소다(Sodium carbonate) 혹은 다른 유사한 알칼리를 사용하는 수용성 알칼리 시설은 "우선 희소식, 나중에 나쁜 소식"의 일회성 시설(Throwaway System)이다. 좋은 소식이란 수용성 알칼리의 사용으로 스크러버의 흡수 표면에 생기는 스케일이 적어진다는 것이다.

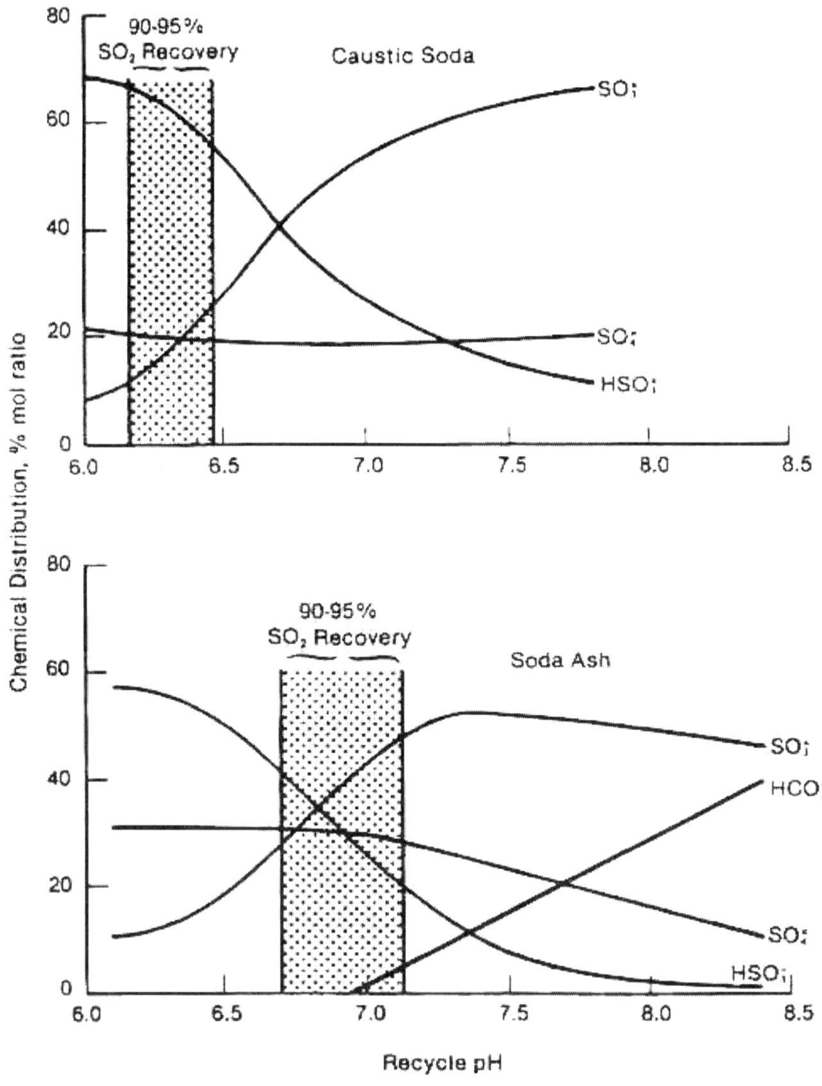

그림 3.20 Blowdown composition vs. pH(source: Dow Chemical UAA[3])

이것은 연속운전의 신뢰성을 높이고 정지보수비용을 줄인다. 나쁜 소식이란 중아황산염(Sodiumbisulfite)와 황산염(sulfate) 특히 염소를 포함한 석탄을 연료하는 시설에서는 잔류 할로겐들의 혼합물을 포함한 폐수가 발생한다는 것이다. 이러한 시설의 추출폐수 (Blow down)의 전형적인 화학 조정비는 pH값의 함수로 그림 3.20에 나타나 있다.

표 3.12 소다를 사용하는 흡수탑의 응용설계지침

Parameter	Value		
SO_2 removal, % efficiency	90	94	96
Recycle;			
lb NaOH/lb SO_2	0.85~1.0	0.9~1.0	1.0~1.1
lb Na_2CO_3/lb SO_2	1.85~2.2	2.1~2.4	2.2~2.6
pH(internal loop)	6.5~6.8	6.8~7.0	7.0~7.2
Mol sulfite/bisulfite	0.5	0.6~0.7	1.0
Absorber, number of theoretical trays	1.5	2.0	2.5
Tray tower(L/G), gal/1000acf saturated gas	10	10	10

이러한 물질은 지하수로 침출될 수 있으므로 폐기 전에 추가적으로 처리해야 한다. 따라서 그 중 알칼리 시설에서 수용성 알칼리 흡수탑은 수 처리 시설과 한 쌍이 되어서 일반적으로 석회나 석회석을 사용하여 수용성 폐기물을 소화해서 불용성 폐기물을 만든다.

운전 시 폐기물 처리장소의 세척회로에 세심한 관리가 필요하다. 분명하게 폐기물 슬러리에 침출된 염의 량을 완전히 줄이기 위해 과도한 물의 소비는 바람직하지 않다.

일반적으로 그 중 알칼리 시설은 석회/석회석을 직접 사용하는 시설과 같은 폐기물 슬럿지의 조건을 만들려면 더 많은 양의 세척수가 필요하다.

더 훌륭한 내부 화학 반응식으로 석회/석회석 시설의 스케일 문제만 해결된다면 이 시설이 수용성 알칼리 시설보다 일반적으로 더 선호된다. 단 추가적 처리 없이 폐수가 직접적으로 공정에서 사용 될 수 있는 조건이다.

수용성 알칼리 시설의 더 높은 반응조건을 조성하기 위해 흡수탑을 더 단순화 한다. 표 3.12 에서 보여 지는 것과 같이 이러한 적용에는 트레이탑(tray tower), 분사탑(spray tower), 버블캡트레이(bubblecap tray), 습식쉐브론(wetted chevron), 충진탑(packed tower), 공기세척기(air wash) 및 저 에너지의 벤츄리 스크러버(venturi scrubber) 모두 성능이 좋다. 이러한 시설은 표 3.11의 석회석 시설에 비하여 매우 적은 액기비를 사용함을 알 수 있다.

표 3.13 Sulfur Dioxide Absorption Chemistry.

Using sodium hydroxide(NaOH):

		$2NaOH$	+	SO_2	$\longrightarrow$	Na_2OH	+	H_2O
		80	+	64	$\longrightarrow$	126	+	18
		m.w.		m.w.		m.w.		m.w.

80/64 = 1.25 lb NaOH per lb SO_2

and

		$NaOH$	+	SO_2	$\longrightarrow$	Na_2OH		
		40	+	64	$\longrightarrow$	104		
		m.w.		m.w.		m.w.		

Using sodium carbonate(Na_2CO_3):

		Na_2CO_3	+	SO_2	$\longrightarrow$	Na_2OH	+	CO_2
		106	+	64	$\longrightarrow$	126	+	44
		m.w.		m.w.		m.w.		m.w.

106/64 = 1.66 lb Na_2CO_3 per lb SO_2

and

Na_2CO_3	+	H_2O	+	$2SO_2$	$\longrightarrow$	$2Na_2OH$	+	CO_2
106	+	18	+	128	$\longrightarrow$	208	+	44
m.w.		m.w.		m.w.		m.w.		m.w.

106/28 = 0.83 lb Na_2CO_3 per lb SO_2

가성소다는 미리 세정수와 섞어서 흡수탑의 하부 탱크로 보내진다. 만일 가성소다를 분사시켜 건조시킬 계획이 아니면 가성소다를 스크러버의 인입부에 공급해서는 안 된다.

이것은 흡수탑 충진물로 보내지기 전에 하부탱크(sump)에서 흡수된 SO_2와 반응하게 두고 순환 펌프에 의하여 한 번 더 혼합시킨다. 보충수는 반드시 Mist Eliminator의 하부나 스크러버 입구로 직접 공급해서 가스를 냉각시키거나

표 3.14 Sulfur Dioxide Absorption Chemistry Using lime or Limestone.

Using lime($Ca(OH)_2$)						
			absorption			
SO_2	+	H_2	→	H_2SO_3		
64	+	18	→	82		
m.w.		m.w.		m.w.		
H_2SO_3	+	$Ca(OH)_2$	→	$CaSO_3$	+	$2H_2O$
82	+	74	→	120	+	36
m.w.		m.w.		m.w.		m.w.
			also			
H_2SO_3	+	$CaSO_3$	→	$Ca(HSO_3)_2$		
$Ca(HSO_3)_2$	+	$Ca(OH)_2$	→	$2CaSO_3$	+	$2H_2O$
			oxidation			
$2CaSO_3$		O_2	→	$2CaSO_4$		
		ph 5.5	→	6.8		
			overall			
SO_2	+	$Ca(OH)_2$	→	$CaSO_3$	+	H_2O
64	+	74	→	120	+	18
m.w.		m.w.		m.w.		m.w.
		74/64 = 1.15 lb lime per lb SO_2				
Using limestone($CaCO_3$);						
$CaSO_3$	+	SO_2	→	$CaSO_3$	+	CO_2
100	+	64	→	120	+	44
m.w.		m.w.		m.w.		m.w.
		100/64 = 1.49 lb $CaCO_3$ per lb SO_2				
		pH = 5.8-7.0				
		oxidation same as lime				

포화상태로 만들도록 한다. 세정수는 내부회로(배출액이 아닌) pH를 재도록 펌프의 출구 by-pass나 스크러버 하부탱크에 설치된 pH 측정 장치에 의하여 조절이 되어야 한다. 중아황산염(Sulfite나 Bisulfate)의 분석용 샘플을 채취하기

위하여 재생라인에 샘플 채취 장치용 수도꼭지를 설치하는 것이 좋다. 표 3.13과 3.14는 SO_2(sulfur dioxide)의 흡수에 관한 기본적인 화학식과 그것의 석회석, 가성소다(sodium hydroxide) 및 탄산소다(sodium carbonate)를 사용할 때 염(salt)으로 전환을 나타낸 것이다. 이러한 반응은 화학약품(stoichometric)에서 1.0을 사용할 때의 경우를 나타낸 것이다. 그러므로 실제 응용할 때의 화학시약은 이양 보다 좀 더 많이 필요한 것이다. 앞에서 말했듯이 설계자는 요구제거효율 대 운전제약사항(예로 세정액의 흡수 장치를 막는 스케일 생성특성)의 균형을 적절한 운전점을 설정하는 방식으로 맞춘다. 이러한 표는 독자에게 지침을 제공할 수 있을 것이다. 그러나 이러한 화학적인 시약의 소모양은 대략적인 것이다.

3.9 악취 제거용 스크러버

3.9.1 소개

악취는 입자상의 악취물질과 악취가 흡수된 물질 또는 가스상의 악취이다. 스크러버는 이러한 가스와 입자 상 악취를 둘 다 제거할 수 있어서 악취제거에 유용하다. 표 3.15는 기본적인 다양한 건식 악취제거 기술과 90%의 악취를 제거하는데 필요한 시간을 대략적으로 나타내고 있다. 악취단위(odor unit)는 O,U로 표시한다. 습식 스크러버를 이용하여 악취를 제거 하는데 걸리는 시간은 확산, 흡수 및 화학적인 반응을 하는데 걸리는 시간을 더한 것이다.

3.9.2 화학 산화제 (Chemical Oxidants)

가스에서 악취를 제거하기 위한 화학적 산화는 선호되는 기술이다. 접촉시키는 형식은 하나 또는 그 이상의 가스, 가스와 액체, 가스와 고체의 어떠한 혼합도 가능하다. 가스와 가스의 접촉시설에 사용되는 산화제는 염소와 오존이다.

표 3.15 Comparison of Odor Control Techniques by Dry Processes.

Process	Time Required for Odor Control, >90%	Dependence on Chemical Nature of Odorants
Adsorption	~ 0.04 sec	Not dependent
Flame oxidation	~ 0.4 sec	Moderately dependent
Absorption	Varies, e.g., typical residence times = ~ 1 sec in tower = ~ 0.5 sec in venturi	Dependent
Dry gas-gas or gas-liquid phase oxidation	Slow = several sec	Strongly dependent, but oxidation rate can be greatly speeded up by catalysts

이 두 가스는 유독가스(또한 오염물질)이다. 그래서 이러한 가스를 사용할 때 반드시 어떠한 미 반응가스가 배출되지 못하도록 가두고 관리하여야 한다. 염소는 그것의 독성 때문에 보통 습식 스크러버시설과 함께 사용된다. 오존화된 세정수는 오존 가스보다 높은 효과가 있으며 반응 시간을 줄인다.

세정 집진기에서는 다른 산회제가 사용될 수 있다. 산화제로는 과망간산칼륨(potassium permanganate), 염소(chlorine), 차아염소산나트륨(sodium hypochlorite), 이산화염소(chlorine dioxide), 과산화수소(hydrogen peroxide), 황산(sulfuric acid), 가성소다 등이 있다. 이산화염소(Chlorine dioxide)는 암모니아, 메탄, 황화수소 또는 인산이 있는 곳에서는 사용하지 말아야 한다. 왜냐하면 이들이 혼합될 때 폭발성을 가지기 때문이다. 이산화염소(Chlorine dioxide)는 어떤 pH값의 용액에서도 잘 성능을 발휘한다.

염소가 효과적인 산화제로 작용되기 위해서는 산성용액이 필요하다. 차아염소산나트륨(Sodium hypochlorite)는 활발한 염소 화합물 인 차아(hypo) 3가 염소(chlorous) 산 acid(HOCl)을 생산해서 산성 용액에서의 염소처럼 역할을 한다. 염소는 메틸(methyl), 에틸아민(ethly amines), 메르캅탄(mercaptans) 또는 황

(sulfide)에 대해서는 효과적이지 못하다.

과망간산칼륨(Potossium permanganate)은 악취를 풍기는 공기의 산화제로 역할하고 pH값이 8-9.5일 때 가장 성능이 좋다. pH값을 안정시키기 위해서는 차아염소산나트륨(sodium carbonate), 중탄산염(bicarbonate), 붕산)borax와 같은 완충제를 사용한다. 그렇지 않으면 흡수된 CO_2나 산화 후의 생산물의 pH값은 급격하게 낮아지게 된다. 과망간산칼륨(Potassium permanganate)는 많은 악취를 제거할 수 있다는 점에서 아주 다양한 산화제로 간주된다. 하지만 어떤 특수한 수준의 탈취 제거용 산화제는 아니다. 사용된 과망간산칼륨(Potassium permanganate)는 비수용성 이산화마그네슘(magnesium dioxide)의 형태를 갖는 것이다.

이것은 흡착이 생기는 가스와 고체의 접촉 면적을 제공한다. 산화제로써 최상의 과망간산칼륨(Potassium permanganate)의 농도는 1~2%이다. 과망간산(Permanganate) 용액은 H_2S, 유기성 황(sulfid), 알데히드(aldehydes), 지방성아민(aliphatic amines), 메르캅탄(mercaptans), 페놀(phenol), 헤테로고리(hetero-cyclic) 화합물을 산화 시킬 수 있다. 과망간산칼륨(Potassium permanga -nate)은 반드시 따뜻한 물에 녹아야 하며 이는 약간의 문제를 일으킬 수 있다. 산화반응으로 형성된 MnO_2는 스크러버에 막힘 현상을 일으킬 수 있으므로 초기의 압력손실을 유지하기 위하여 주기적(즉, 주 단위)인 청소가 요구된다. 청소는 중아황산염(sodium bisulfite)용액으로 한다. 청소시간은 쌓인 양에 따라 달라지며 보통 1시간 이상이다. 청소하는 동안 금속의 부식율은 부식 방지제가 사용 되었더라도 0.00002 in/hr이거나 혹은 그 이상이다.

과산화수소수(Hydrogen peroxide)는 분해 후에 오염물질을 남기지 않는 오랜 기간동안 알려진 산화제이다. 알칼리 용액에서 이것은 황(sulfide), 티오황산염(thiosulfates)와 폴리테오네이트(polythionate)를 산화시킨다. 황산염(Sulfites)은 산성용액에서 산화된다. 황산(Sulfuric Acid)와 같은 산화제용 산성 용액은 악취의 제거를 위하여 홀로 사용되거나 혹은 고체 산화제와 함께 사용된다. 보통 이것은 증기 상태로 동반 인입되는 미스트를 중화시키기 위하여 염기가 뒤따른다. 비록 염기성 수산화칼슘(calcium hydroxide)는 산화제가 아니지만 이것은 메르캅탄(mercaptan) 악취를 제거하는 효과적인 시약이다.

3.9.3 스크러버 시설

투입되는 산화제 양을 최소화 시키는 것은 운전비를 최소화하는 것으로 매우 중요하다. 그러므로 수많은 오존처리장치 사례에서 언급된 것처럼 먼저 입자를 제거함으로써 악취가스를 전처리 하는 것이 매우 중요하다. 이것은 기계적 집진기나 응축기로 처리할 수 있으나 많은 경우에 첫 번째의 제거시설로서 낮은 집진효율의 습식 스크러버 사용을 선호한다.

가끔 일부 화학물질이 이 단계에서 투입된다. 2단계의 스크러버에서는 거의

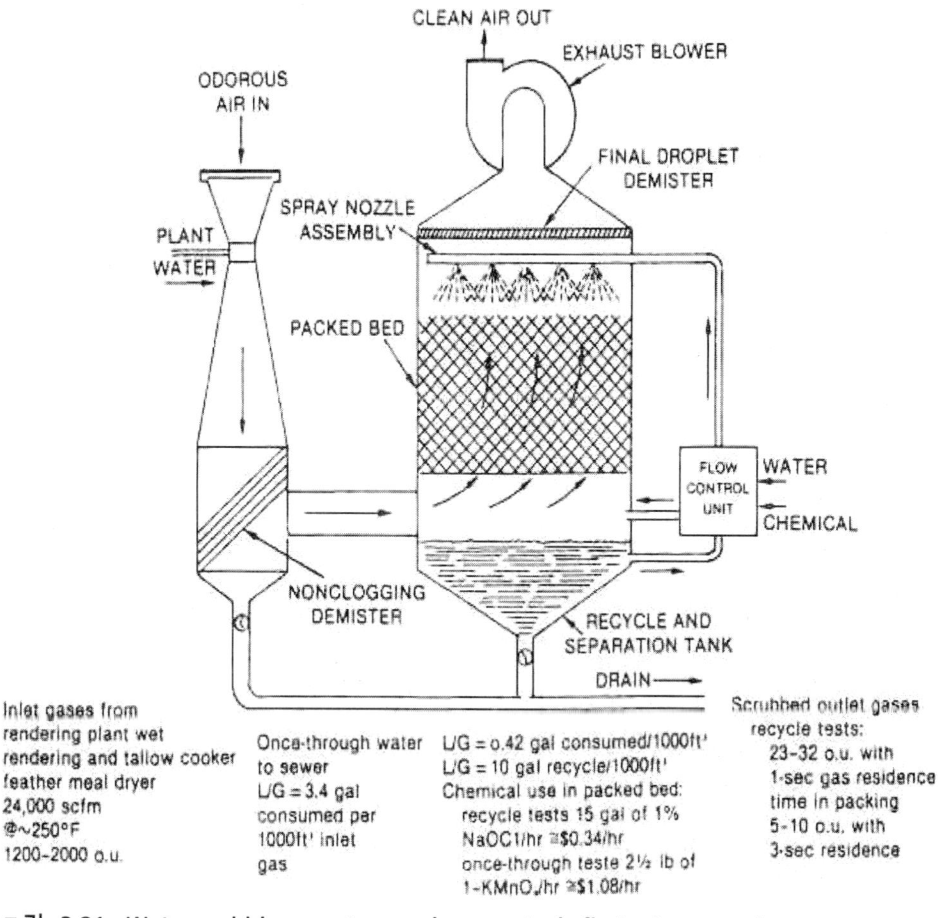

그림 3.21 Wet scrubbing system using venturi first stage and countercurrent packed tower for odor control.

항상 스크러빙 슬러리에 화학약품을 사용한다. 효과적인 기액분리장치(mist eliminator)로 동반 인입되는 물방울을 제거하고자 각각의 스크러버 후단에 설치하여야 한다. 그림 3.21, 3.22는 이러한 시설의 대략적인 도면이다. 그림 3.23는 bag house와 세정집진기의 혼합된 모습을 보여주고 있다. 대부분의 스크러버 시설에서 시약의 농도가 악취제거의 효율에 결정적이지는 않다. 흡수되는 악취 증기와 반응 가능한 시약의 충분한 양이 필요하다. 과망간산(Permanganate)과 차아염소산(hypochlorite)은 대부분 농도에 종속인 것처럼 보이며 악취의 흡착율과 시약의 농도에 의하여 약간의 긍정적 효과를 보인다(즉 농도가 높을수록 약간 더 효과적이다.) 과산화수소(Hydrogen peroxide)는 또한 효과적인 악취제거 스크러버 약품이기도 하다. 이러한 시설은 그림 3.24에 있다.

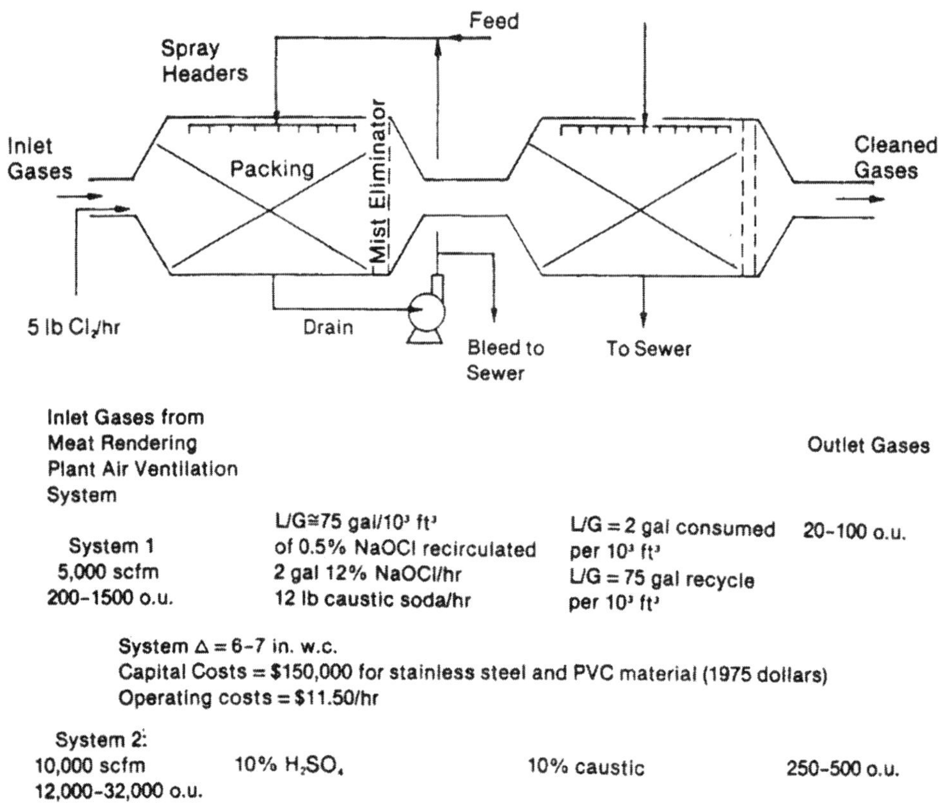

그림 3.22 Wet scrubbing odor control system using horizontal cross flow scrubbers in series.

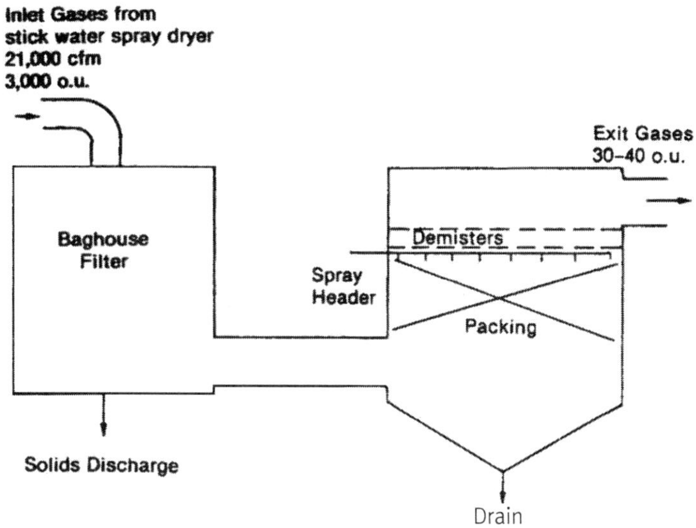

그림 3.23 Baghouse filter plus packed tower scrubber for odor control.

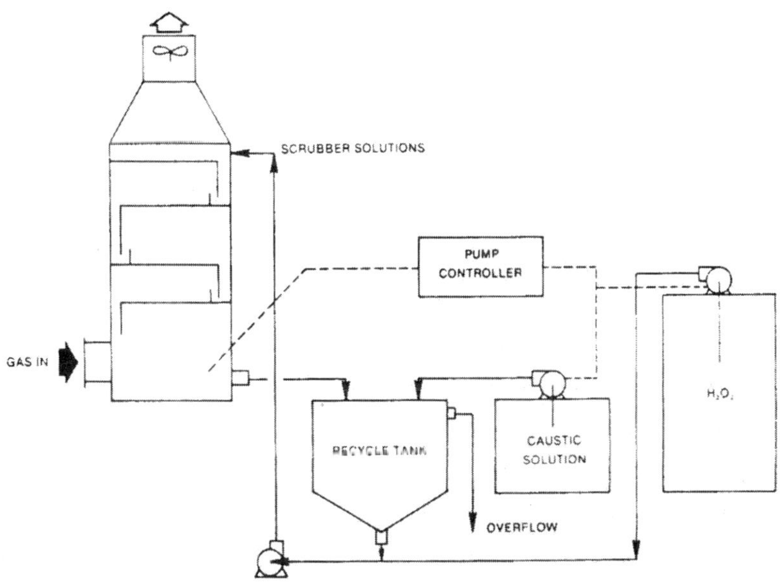

그림 3.24 Hydrogen peroxide scrubber for odor control(courtesy Peabody Engineering Corporation).

이러한 시설에서는 화학약품의 투입량 조절은 필요하고 폐수 중화절차가 필요하다. 그림 3.25 pH 분석장치와 화학약품 조절 시설의 한 부분이다. 그림 3.26은 pH 중화시설의 한 예이다. 악취조절 시설을 위한 응용 설계지침은 표 3.16에 나와 있다.

그림 3.25a Chemical control using pH analyzers(courtesy Great Lakes Instruments)

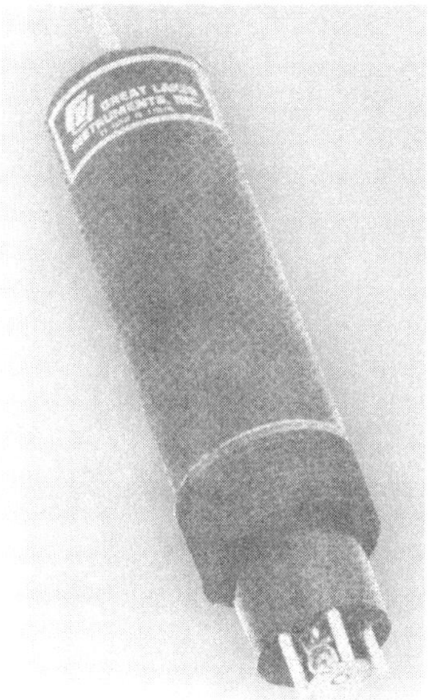

그림 3.25b Chemical control using pH analyzers. pH probe assembly (courtesy Great Lakes Instruments)

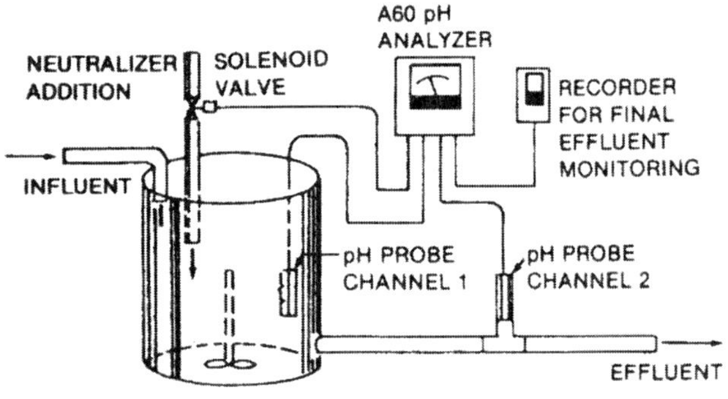

그림 3.26 Dual-channel pH neutralization system (courtesy Great lakes Instruments).

표 3.16 냄새 제거장치 응용설계 지침

Typical System	Dual-or triple-stage gas absorbers
Type of Absorber	Packed-tower of tray tower, grid scrubber, cross-flow washers, wetted web filters
Technique	Extend liquid surface using media or sprays or both. Utilize neurtalization followed by oxidation wet chemical techniques. Afterscrubber sometimes used
Control	pH control on neutralization stage and ORP or specific-ion electrode ion oxidataion stage
Liquid Circuit	Neutralization chemicals are prepared on a batch basis and bled on demand into the neutralization stage. Oxidant is fed from the reagent tank or from batch preparation tank to the oxidant scrubber. A sump typically provides added residence time for oxidant reaction to go to completion. Since an excess of oxidant is used to increase the driving force in the reaction, a residual oxidant odor can result. A water afterscrubber sometimes is required.
Particulate	Particulate must be removed before odor control
Materials	To suit reagents. Typically fiberglass contruction with PVC or polypropylene internals Teflon® spray nozzles frequently are used
Mist Elimination	Mesh-type high-efficiency droplet eliminators are required
Test Method	For specific contaminant or via odor panel
Special Considerations	Many odor problems are under the jurisdiction of the local department of health, which has specific testing methods. Local regulations always should be consulted.

3.10 하이브리드 스크러버

가스 흐름에서 오염물질을 제거하기 위하여 한개 이상의 분리 기술이 필요할 때 설계자는 종종 하나의 스크러버 통 내부 또는 별도통으로 연결하여 다른 형 "하이브리드 스크러버" (HYBRID SCRUBBER) 라고 지칭하다.

이러한 형태의 스크러버의 예는 산성 에어로졸이 있는 가스 흐름에서 산성 가스를 흡수하는 문제해결이다. 앞장에서 논의 된 것처럼 가스 흡수의 문제는 충진탑 스크러버, 트레이탑(TRAY TOWER SCRUBBER), 분사탑(SPRAY SCRUBBER), 유동상스크러버(FLUIDIZED BED SCRUBBER)를 사용하는 것이 일반적이다. 그러나 에어로졸은 가스처럼 쉽게 포집되지 않는다. 에어로졸은 액상 "입자" 이므로 그들은 관성력, 정전기력 또는 브라운 확산 기술에 의하여 제거 된다.

이러한 산성가스와 에어로졸의 혼합 문제는 고농도이면서 때론 가열된 가스를 사용하는 반도체 제조 공장에서는 공통적이다. 한 예로, 가열된 질산과 "왕수 탱크"가 공정 중에 사용된다. 적합한 제거장치가 없는 장비의 벤트(vent)에서 알 수 없는 "백연"이 보인다. 이러한 탱크에서 배출되는 가스는 산성 가스이다. 만일 차가워지거나 혹은 수증기가 더해질 경우 이러한 산성 가스는 산성 에어로졸을 형성한다.

그림 3.27은 에어로졸이 형성되는 일반적인 경로를 나타낸 것이다. 더 찬 공기나 다른 저온흐름과 접촉으로 인해 냉각되는 수증기의 유입은 에어로졸 형성의 원인이 된다. 이러한 문제를 해결하는 방법으로 '하이브리드'라는 스크러버를 쓴다. 이 스크러버는 산 가스를 흡수하기 위해 역류형, pH조절 장치가 있는 충진물형의 스크러버와 브라운운동하는 에어로졸을 포집하는 유리섬유필터(Fiberbed filter)로 구성된다. 그림 3.28에서는 시설의 부품들이 나타나 있다. 충진탑은 KOH를 사용해서 자동 pH 조절장치를 이용 pH가 9~10의 상태에서 운전되도록 설계 했고 유리섬유필터(Fiberbed)는 산성 에어로졸을 제거하도록 했다. 유리섬유필터(Fiberbed)에서 배출되는 물은 pH값이 보통 2 이하이다. 이것은 에어로졸이 유리섬유필터(Fiberbed)의 극세 필터(Filter)에 포집 되어 충분히 축적되고 액화되어 배출되는 것을 의미한다.

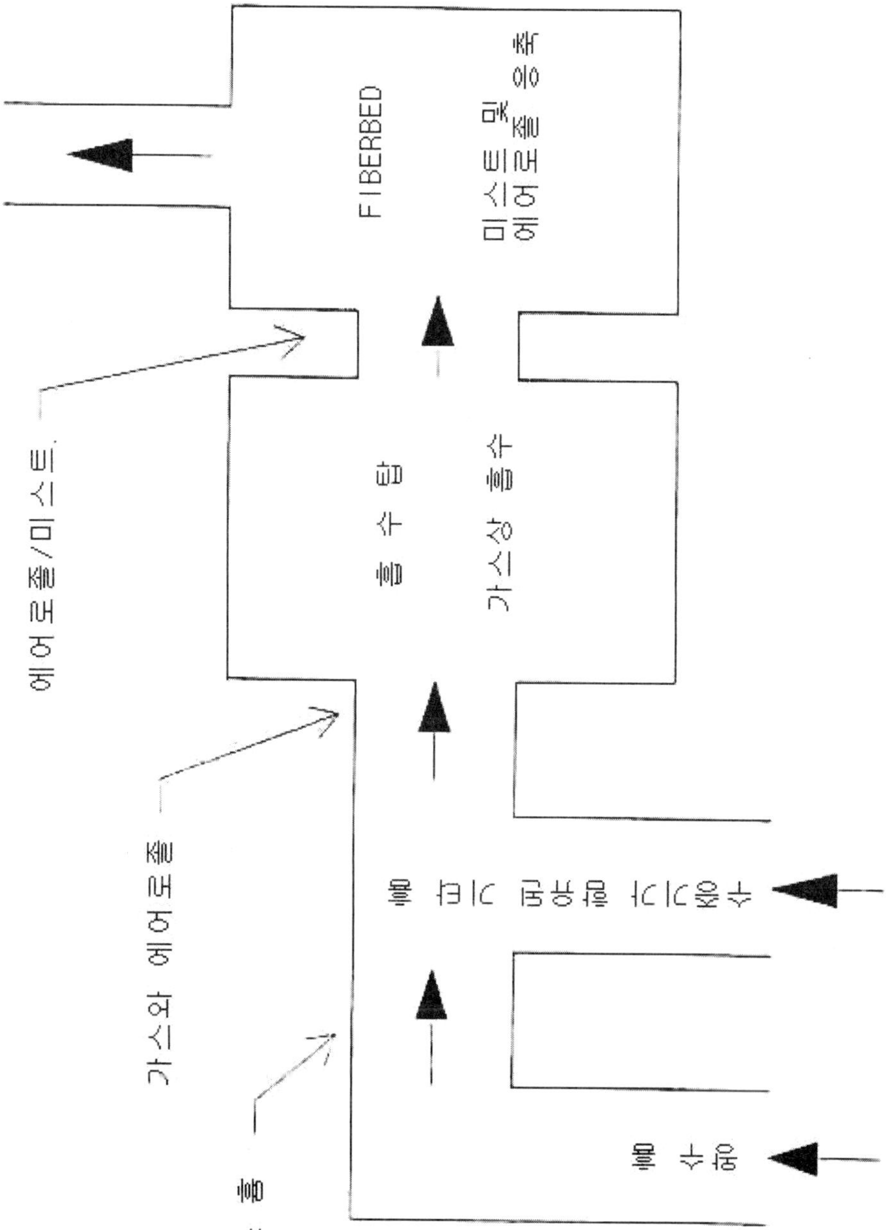

그림 3.27 배출가스와 수증기에 의해 산 Mist와 에어로졸 형성

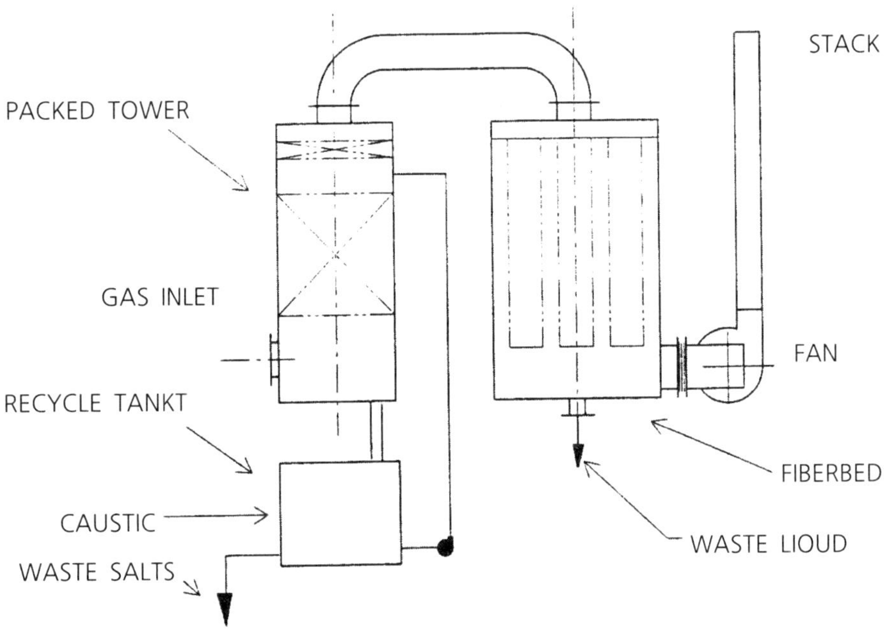

그림 3.28 2단 산가스 스크러버

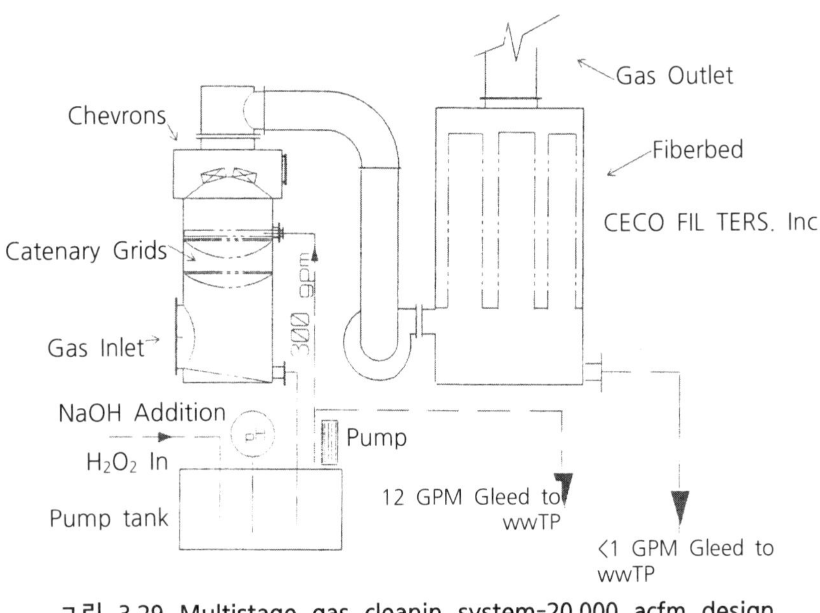

그림 3.29 Multistage gas cleanin system-20,000 acfm design.

다른 예는 회로판(PCB)의 제조업체에서 발생한다. 원판은 제조가 이루어지기 전에 납땜이 녹는 온도인 뜨거운 (450°F)기름에 담갔다가 꺼낸다. 원판을 기름에서 꺼내어 질 때 기름 연기와 악취가 수반된다. 전기 집진기가 사용되어 왔으나 쌓이는 기름 찌꺼기를 제거하기 위하여 지속적인 유지관리가 요구된다. 그림 3.29는 이런 배출 문제를 해결한 하이브리드(HYBRID SCRUBBER)의 기본적인 부품을 보여주고 있다. 이것은 pH값을 조절되는 세정액과 더불어 악취제거를 위한 과산화수소(HYDROGEN PEROXIDE)를 사용하는 역방향의 캐티너리 그리드 스크러버(CATENARY GRID SCRUBBER)로 이루어져 있다. 그 다음에 유리섬유필터(Fiberbed Filter)가 있다.

스크러버는 흡수탑 및 응축기의 역할을 한다. 이것은 수용성 악취를 흡수하고 오일증기가 응축되는 것을 도와서 그들을 집진 가능한 에어로졸이 되도록 한다. 유리섬유필터(FIBERBED FILTER)는 기름 에어로졸을 제거한다.

그림 3.30은 이러한 시설이 장치된 사진이다. 오른쪽에 있는 것이 세정 집진기이며 왼쪽의 것이 유리섬유필터(FIBERBED FILTER)이다.

다른 "하이브리드" 세정집진기 설계는 건식 스크러버 후단에 스크러버를 사용한 것으로 발전소에서 SO_2를 제거하는데 사용하는 것이다. 이러한 시설에서 SPRAY DRYER 다음에 보통 백필터(BAGHOUSE (FILTER))를 놓는다. 알칼리(ALKALINE) 용액이나 슬러리가 분사식 건조기(Spray Dryer)로 유입되고 산성가스는 용액에 흡수된다. 오염된 비산회(fly ash)와 함께 건조된 슬러지는 백필터(BAG HOUSE)에서 포집된다. 추가적인 스크러버를 사용하지 않으면 산성가스의 제거 효율은 보통 80~90%이다. 만일 99%이상의 제거효율이 요구된다면 백필터(BAG HOUSE) 후단에 유동 상 슬러리나 분사탑(SPRAY TOWER) 접촉부를 이용한 "하이브리드 스크러버"를 설계한다.

만일 스크러버가 충분히 높은 고형물 농도(무게비 10% 이상)를 가진 슬러지를 순환시키도록 설계한다면 슬러지는 건조를 위하여 분사식건조기(SPRAY DRYER)로 돌려보내져야 한다. 그림 3.31은 이러한 형태의 시설의 일반적인 배치도를 보여주고 있다. 여기에서 중요한 점은 세정 집진기가 높은 고형물 부하에서 작동되는가 하는 것이다. 막힘 현상이 일어날 수 있는 노즐이나 충진물을 사용하는 충진탑이나 어떤 분사형 스크러버는 이러한 용도에 사용 될 수 없다.

그림 3.30 설치(좌측 세코사 Fiberbed filter)

그림 3.30 (continued). Installation
(Catenary Grid Scrubber®, first stage)

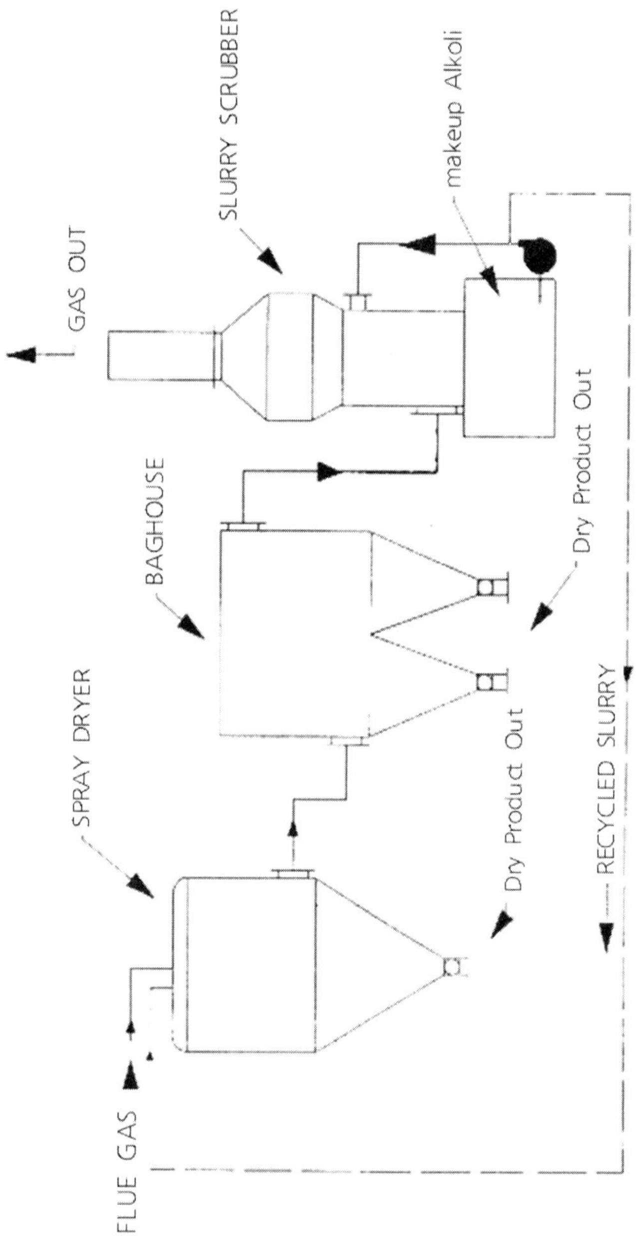

그림 3.31 네교 dryer and baghouse with slurry scrubber.

만일 가스 흐름에 포함된 입자의 크기가 1 ㎛보다 작은 것이 50%이상이라면 언뜻 보아서 벤츄리 형식의 스크러버는 에너지 소비를 고려하면 사용될 수 없다. 앞장에서 언급한 바와 같이 벤츄리 스크러버의 필요한 압력손실은 바로 제거하고자 하는 입자의 크기와 직접적으로 연관되어 있다. 입자의 크기가 작아질수록 벤츄리 스크러버에서 요구되는 에너지 소모량은 증가한다.

그러나 설계자는 FFC(Flux force condensation)이라 불리는 기술을 이용하여 이러한 작은 입자들을 처리 가능한 크기로 성공적으로 키울 수 있다. 이것은 1 ㎛이하의 입자를 발생시키고 단열 포화온도가 약 140~145°F 이상인 소각로나 기타 장비에 사용된다. FFC 스크러빙은 기본적으로 대기의 자연 법칙에 따르는 이러한 하이브리드 스크러버 설계내용을 복제한다. 구름속의 수증기가 응축할 때 수증기는 입자물질로 응축하는 경향을 갖는 것을 관찰할 수 있다. 구름에 씨가 뿌려준다면 이것은 비를 만드는 것을 도와주게 된다. 입자는 수증기가 좀 더 쉽게 응축되는 것을 도와준다.

칼버트박사(Dr. Seymour Calvert)와 융박사(Dr. Shui Chow - Yung)와 같은 APT(Air Pollution Technology)사의 연구자는 정부의 자금지원 아래 1970년 초반에 이에 관해 연구하였다. 이것 자체에 관한 개념은 1800년대로 거슬러 올라간다. 윌슨(Wilson)의 그의 유명한 구름 만드는 방("Cloud Chamber")에 관한 실험을 통하여 우주광선(COSMIC RAY)의 경로를 묘사하는데 이 개념을 이용하였다. 이러한 방(Chamber)에서우주광선(COSMIC RAY)으로 형성된 에어로졸의 자취를 추적한다. 이것은 아직까지도 흔들리지 않는 과학적인 이론이다.

그림 3.32는 FFC 시설의 기본적인 요소들을 보여주고 있다. 이것은 단열적으로 수증기로 가스를 포화상태로 만드는 퀜쳐(QUENCHER)와 '차가운' 물을 순환시키는 응축기/흡수탑(이것으로 인하여 수증기가 입자에 응축된다.) 그리고 입자 집진 장치인 벤츄리 스크러버이다. 1 ㎛이하의 입자가 수증기를 둘러싸면서 커져서 0.8 ㎛이상의 입자가 된다. 이것은 매우 많이 키운 것 같지 않지만 이 정도 크기로도 포집에 필요한 에너지가 매우 감소된다.

벤츄리스크러버 다음에 일반적으로 고효율의 기액분리장치(Droplet Eliminator)와 송풍기하단에 설치된다. 시설에서 배출되는 열은 회수되거나 혹은 냉각탑이나 열교환기를 통한 후 대기 중으로 방출된다.

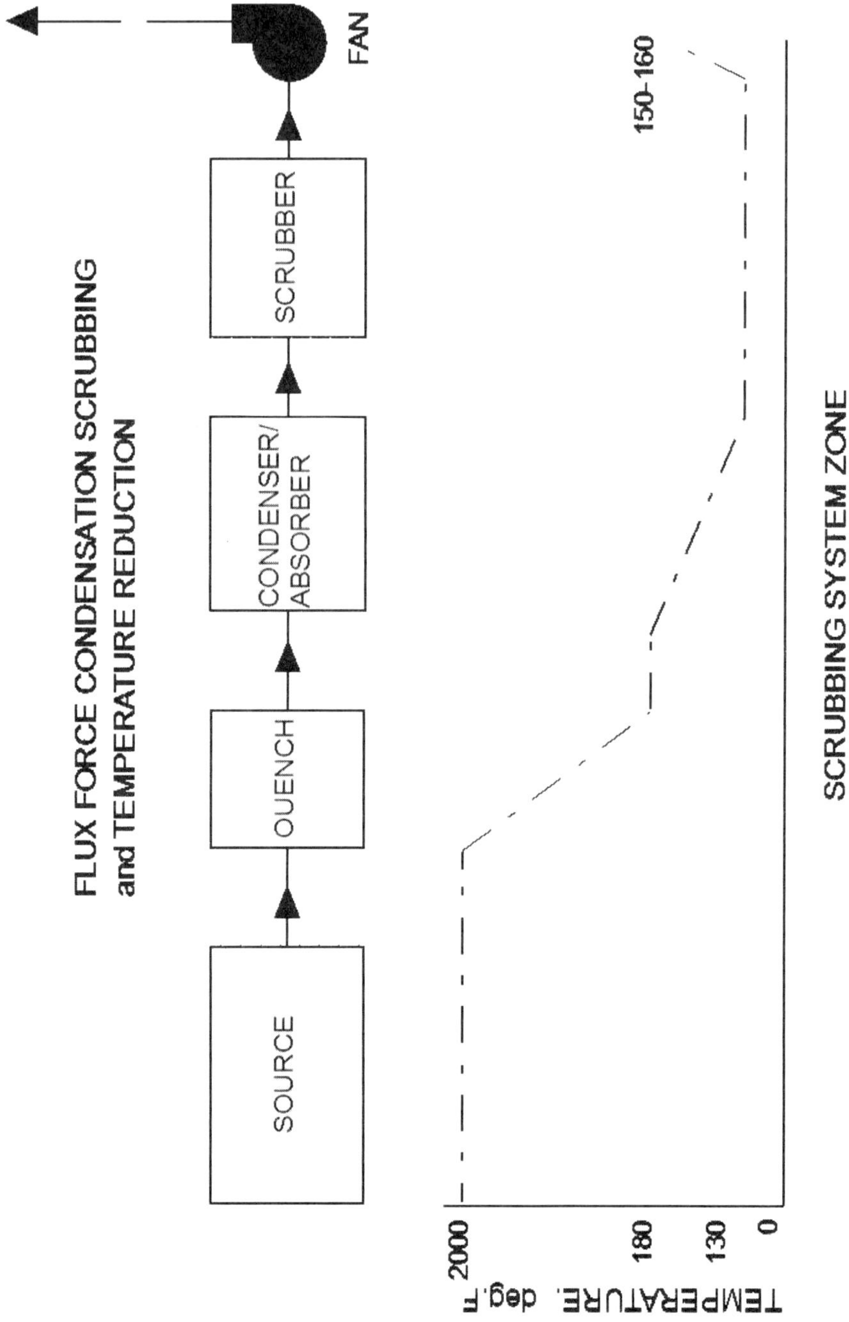

그림 3.32 Flux force condensation scrubbing

FFC 스크러빙은 다음과 같은 점이 중요하다.

(1) 입자의 총량보다 무게비로 20 배 이상의 수증기를 응축시켜야만 한다. 또한 응축기/ 흡수탑의 인입부의 먼지 부하가 0.1~0.2 grs/dscf 일 때 가장 효과적이다.

(2) 만일 포화 온도가 140~145°F 초과한다면 열을 방출하기 위하여 표준형 냉각탑을 사용하여 충분한 냉각여력이 있도록 해야만 가장 효과적이다.

(3) 열 발산 장치의 선택은 보통 가스를 냉각시킬 수 있는 가장 낮은 온도를 표시한다. 따라서 입자의 주위를 둘러쌓는 힘이 되는 응축양을 조절한다. 만일 냉각탑이 사용된다면 응축기나 흡수탑에서 사용할 수 있는 최저의 온도는 85~90°F이다. 만일 쉘튜브(Sell & Tube) 형식의 열교환기가 사용된다면(즉 증발 냉각이 없다.) 응축기나 흡수탑에서 사용할 수 있는 온도는 단지 대부분의 지역에서 95~100°F이다.

(4) 벤츄리 스크러버는 더 큰 입자와 작은 가스 유량에서 사용된다. 벤츄리 스크러버의 압력 손실은 보통 35~45 in.w.c.이다. 그러나 부피는 일반적으로 이용되는 벤츄리의 반이므로 실제 에너지 소모도 반으로 줄어든다.

(5) 벤츄리에서 냉각은 거의 없거나 도움이 되지 않는다. 우선 응축시켜 입자를 키우고 그 다음 이것을 세서한나. 입자의 제거장치는 0.6~0.8㎛의 입자를 제거하는데 효과적이어야 한다.

(6) 수증기량이 충분치 못한가? 포화온도가 너무 낮은가? 보통 응축기나 흡수탑의 앞에 스팀을 추가하여 가스의 수증기의 함량을 높인 다음 그 혼합물을 응축시킨다.

(7) 총 에너지 소모량 평가는 냉각수를 응축기/흡수탑에 퍼올리는 비용과 열교환기에서 냉각팬(있는 경우)의 비용을 포함시켜야 한다. 그러나 일반적으로 실제 에너지의 절감은 25%정도이며 시설은 보통 작은 크기를 선택한다.

FFC 스크러버는 유해 폐기물 소각장치, 병원 폐기물 소각로, 용해로, P_2O_5나 P_2S_5를 생산하는 반응기, 그리고 다른 미세 입자가 발생하는 장치에서 성공적으로 사용되고 있다.

마지막 예로서 우리는 방사능 오염물질을 취급하는 하이브리드 스크러버

(hybrid scrubber)의 복합기술에 관하여 논의하겠다. 이것은 방사능 오염물질에서 배출되는 오염물질을 제거한다. 그림 3.33에 주요 장치를 설명한다. 이것에는 전처리 스크러버(Pre-scrubber), 높은 에너지를 소비하는 목조절 벤츄리스크러버(Multi-Throat Venturi Scrubber), 분리기(Separator), 제습장치(응축기), 재가열기, 그리고 마지막으로 HEPA (High Efficiency Particulate Air)필터가 사용된다.

이 시설에서는 흡수, 응축, 관성충돌, 확산, 직접차단, 그리고 유리섬유필터(Fiber filter)의 기술이 모두 사용된다. 이러한 기술 중 하나만으로는 문제를 해결할 수 없다. 이러한 기술이 복합적으로 혼합되어 사용된 것만이 엄격한 NRC (National Regulatory Commission)의 기준을 맞출수 있다.

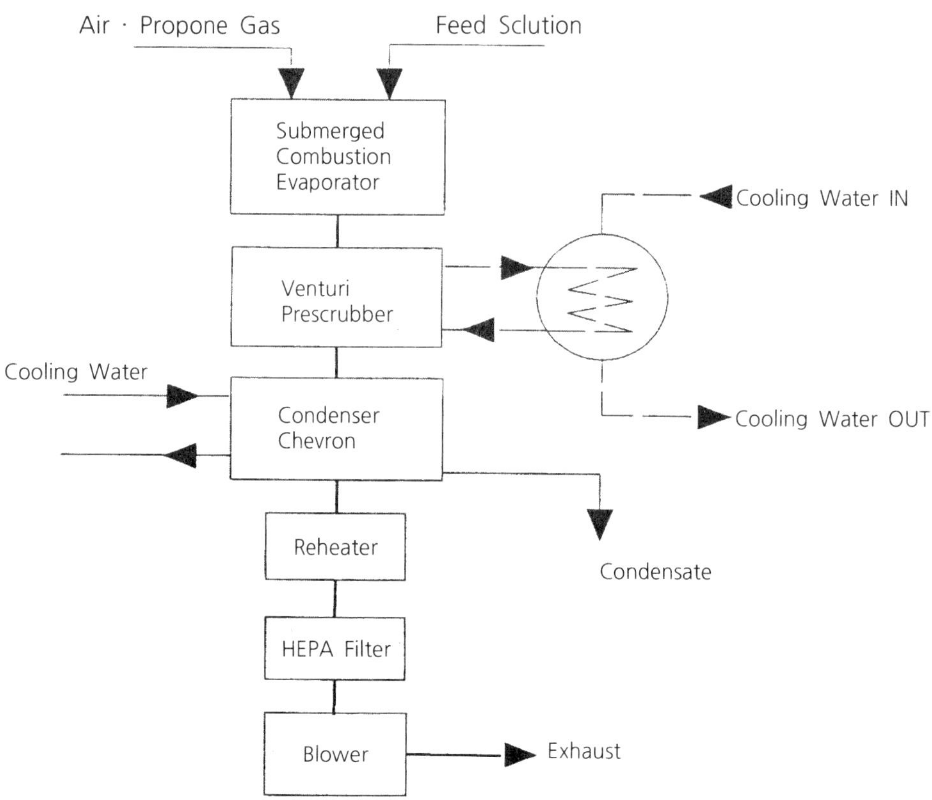

그림 3.33 Multistage gas cleaning system for radioactive waste control.

"하이브리드" 습식 스크러버는 대기오염 방지시설을 설계하는 사람에게는 매우 중요한 장치이다. 이것은 대기오염규제가 점점 더 엄격해지고는 하나 또는 두개의 기술만으로는 제거가 힘들어짐에 따라 그 중요성이 더해진다.

3.11 습식 세정기술을 사용한 폐기물의 최소화

세정 집진기를 사용한 가장 흥미 있는 설계 중 하나는 폐기물량을 최소화 시키고자 사용하는 소각로 배가스 처리이다. 가끔 우리는 폐기물 발생의 최소화 중요성을 간과한다.

종종 젊은 사람들이 함부로 버려진 위험 폐기물질을 발견하거나 어떤 회사가 환경법을 위반한 사실을 알게 되면 흥분하는 소리를 듣게 된다.

"왜 그랬습니까?", "그것이 잘못된 일인지를 몰랐습니까?" 라고 묻는다. 수많은 환경 전문가가 여러분에게 말할 수 있는 것과 같이 오늘날의 범법자의 대부분은 "잘못"한 것이 없다고 말한다. 즉, 단지 "올바른"것을 하지 않은 것뿐이다. 라고 항변한다. 과거의 법규와 규정은 오늘날 보다 덜 엄격했다. 불법 운전은 제쳐두고 많은 유명한 회사들이 주주, 종업원 및 집단의 이익의 최고가 되도록 운전한다. 그렇다. 그들은 합의는 했지만 그 시점에서 올바른 일을 하는 것 이라 생각했다.

강조하고자 하는 것은 최신 대기오염방지 장치에서 발생하는 부산물의 발생과 성분에 대한 것이다. 부산물을 창조하고자 생성하자는 것이다. 현재 시점에서 대기오염문제를 해결한다는 것이 미래에는 단지 새로운 환경문제를 만들어 놓은 것이 되지 않을까? 습식 세정기는 폐기물 생성량을 최소화 하면서 운전되는 오염방지시설로 사용될 수 있을 것이다. 이번 장에서 이런 장치를 논의한다.

3.11.1 이상적인 가스 세정 시설

만일 우리가 이상적인 가스 청정 시설을 제작하려고 한다면 그것은 다음과 같은 것을 포함하여야 한다.

(1) 높은 효율로 가스 중 오염물질을 제거하여야 한다.

(2) 최소한의 에너지를 사용하여야 한다.

(3) 제작과 운전이 가능하여야 한다.

(4) 유지 관리가 쉬워야 한다.

(5) 가동이 안전해야 한다.

(6) 최소부피의 폐기물 발생과 환경적으로 위험이 최소화 되어야 한다.

(1)~(5)항은 대기오염방지기기 설계자 대부분의 목표이다. 그러나 (6)항은 그렇지 않다.

폐기물 묻을 땅 구하기가 점점 어려워지고 비싸짐에 따라 폐기물의 부피를 최소화하는 것이 요구된다. 가스세정장치에서 발생한 폐기물의 부피가 폐기물 처리에 관한 미래비용 상승의 주요인이 되므로 매우 중요한 설계 인자가 된다. 그러나 종종 그렇지 않다. 작업자 노출위험이 있고 가스 세정장치에서 발생한 폐기물을 처리하는 (싣기, 운반 내리기) 장치가 있다면 폐기물 안정성이 매우 중요한 요소라 생각할지 모르나 종종 그러하지 않다. 만일 땅 묻는 곳이 있거나 만일 어떤 사람이 그 폐기물을 가져간다면 일부 설계자는 그 문제는 해결될 것으로 간주 할 수 있다. 예를 들어서 발전용 보일러 소각로에서의 대용량 가스처리에서 분사식건조기(Spray dryer) 후단에 백필터(Fabric Filter) 집진기를 많이 사용한다. 이러한 장치에서 총 입자의 유량은 가스 세정시설에서 생산할 수 있는 폐기물의 최소 부피를 의미한다. 이러한 '현대적'인 시설에는 HCl이나 SO_2와 같은 산성 물질을 제거하기 위하여 석회석이나, 중탄산염(Sodium bicarbonate) 또는 다른 알칼리 물질의 흡수제를 공급하는 장치가 추가된다. 이러한 알칼리 물질은 요구되는 제가 효율에 따라서 화학양론(stoichiometric) 비율이 1.1~3.0 정도로 공급된다. 어떠한 경우에 백전처리(bag precoating) 물질로 공급하여 먼지 층 제거방법을 개선하고 백필터(Filter bag)를 보호하기 위하여 사용되기도 한다.

다이옥신과 같은 독성 유해물질을 제거하기 위해서는 심지어는 더 많은 물질이 더해지기도 한다. 활성탄과 코크, 그리고 다른 흡수제가 제시되었고 이러한 독성 화합물을 제거하기 위하여 사용되고 있다. 이러한 포집의 매카니즘은 물리적인 흡착이기 때문에 대부분의 경우 포집되는 화합물들은 불안정하지 않고 오히려 더 안정적이다. 가스에서 제거된 독성유해물질은 결국에는 흡착제로부터 추출된다.

휘발성 중금속의 제거에는 심지어는 좀 더 많은 첨가물 사용을 제안한다. 이러한 것으로는 화학제를 함침한 탄소나 다양한 증기 분사 시설, 그리고 기타 추가적인 첨가물이 있다.

표 3.17은 오염물질을 제거하는 동안 '발생된' 폐기물 관점에서 가상적인 분사식 건조기(Spray Dryer)를 나타낸 것이다. 이 설명은 질량을 기준으로 한 것이지만 부피 기준으로도 유사한 비교가 되고 있다.

이런 "건식" 포집 장치는 최소한 또는 첨가제 없이 전체 오염물질이 제거되는 경우에 발생된 폐기물 양과 비교하여 훨씬 많은 폐기물이 발생함을 알수 있다. 이는 Lemann, Dr.M.에 의해 부고 된 도시 쓰레기 소각로의 대략 인입민지 부하를 사용하여 분석하였다. 그러나 이러한 경향은 많은 유사 연소 시설에서도 적용할 수 있다.

소각로 스크러버 폐기물 발생량의 가장 중요한 조절인자는 입자의 제거가 아니라 산성 물질의 제거이다. 오염물질의 단위 무게 당 좀 더 적은 폐기물을 발생하는 기술을 사용하여 산성 가스의 제거 효율을 높이는 것은 결국 폐기물 최소화에 매우 큰 효과가 있게 된다. 적절히 설계된 세정 집진 시설이 이러한 목적을 달성할 수 있다.

어떻게 '이상적'인 시설에 대하여 (6)번의 조건을 맞출 수 있는가?

우리는 최소한의 중화제만을 사용하여 오염물질과 반응시키고 또한 가능하다면 안정할 수 있게 오염물질을 제거하는 것이 필요하다. 중화제의 선택과 시설의 설계는 단지 오염물질의 제거가 아니라 최종적인 파괴성과 안정성에 초점이 맞추어져야 한다.

표 3.17 Dry Scrubber with Additives, Waste Produced.

Contaminant	Emission Rate, kg/hr	Waste Ratio, kg/kg	Additives /Waste: $Ca(OH)_2$/ $CaCl_2$	Additives /Waste: Carbon	Additives /Waste: Impregnated A.C.	Total Waste Produced
Rarticulate	388	0	0	0	0	388
HCl	854	1.83	1563	0	0	1563
SO_2	2026	2.62	5308	0	0	5308
Hg	2.3	50	0	0	115	115
Dioxins	0.001	100	0	0.1000	0	0.100
Minimum waste = 3270 kg/hr						7374
Ratio of total waste produced to minimum waste produced =						2.25

Basis: 170,000 Nm^3/hr gas flow rate
2000 ppmv SO_2, SR = 1.4
1500 ppmv HCl, SR = 1.2
0.005 ,g/Nm^3 Hg, 2% wt, carbon capacity at bleed through
40 ng/Nm^3 dioxins, 1% wt, carbon capacity at bleed through
Assume 100% capture of contaminants.

이것은 완전히 다른 장치를 요구한다. 사용되는 화학물질의 양을 줄이는 것과 발생되는 폐기물의 양을 줄이기 위하여 우리는 (6)번 항과 맞는 필요한 화학 반응에 기초를 두어 가스 세정 시설을 재구성할 필요가 있다. 이러한 시설을 단지 이런 시설이 방법은 아니지만 실례를 설명하고자 한다.

(1) 하이브리드 스크러버 시설

최소한의 폐기물만을 발생하면서 오염물질을 제거하는 가능한 시스템은 하이브리드 스크러버 시설이다. 이 경우에 오염물질을 제거하고 그들의 중화, 안정, 파괴를 위하여 2가지 이상의 기술이 사용되고 있다. 그림 3.34는 여러 가지의 다양한 요소를 포함하여 이러한 집진시설을 보여주고 있다.

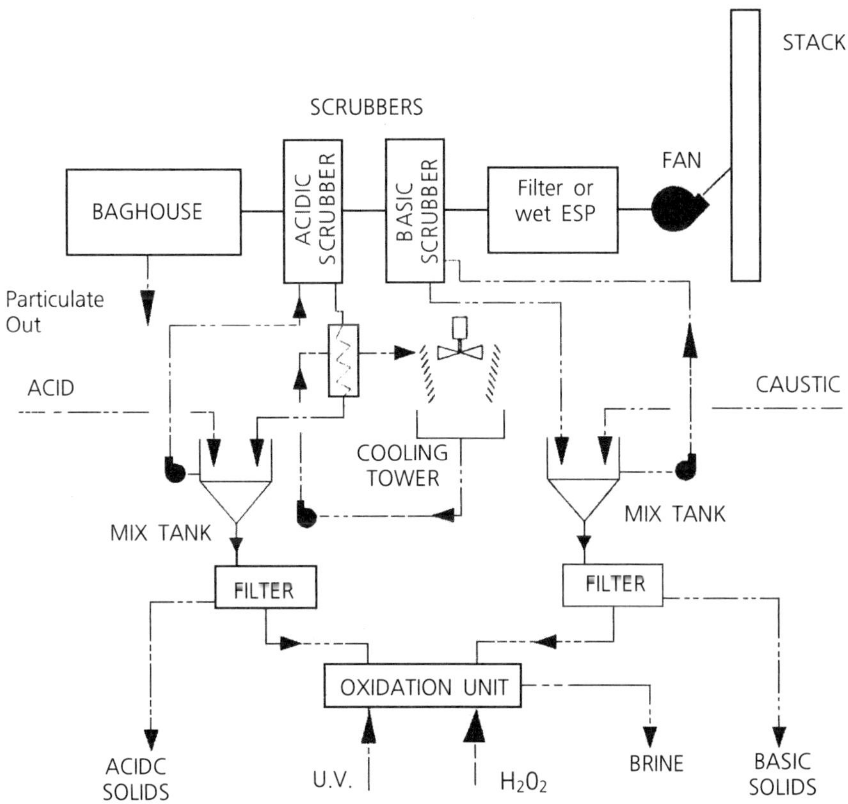

그림 3.34 Hybrid scrubbing system

1) 입자의 제거

정전기력, 필터, 세정집진방법 등을 이용한 미세입자의 제거는 '익숙'해진 기술이다. 가스의 부피가 대략적으로 50,000 acfm 이상에서는 습식 세정기술의 사용은 매우 많은 비용이 든다. 현재로서는 매우 큰 부피의 가스를 처리하는 기술은 전기 집진기(건식 또는 습식)나 백필터(Bag Filter)를 이용하는 것이다. 이러한 장치들은 입자를 제거하는 데 매우 효과적이다.

최대의 입자제거를 위하여 백필터(Fabric Filter Collector)나 전기 집진기가 사용하는 것이 일반적이다. 그러나 이것은 입자와 산성가스를 동시에 제거하지는 못한다. 왜냐하면 산성가스를 제거하려면 발생되는 폐기물의 양이 증가하기 때문이다. 백필터(Bag house)를 사용할 때 폐기물의 양을 최소화하기 위해서는 입자를 최대한으로 제거할 수 있으면서 또한 전처리 (Precoat) 필요량이 최소가 될 수 있는 백(Bag) 재질을 선정해야 한다.

백 휠터에서 입자의 제거는 이루어지지만 산성 가스나 휘발성 중금속들은 거의 제거가 이루어지지 않는다. 백(Bag)의 재질에 맞는 온도에서 가동될 때 최대한의 입자 제거 성능이 나도록 집진기 크기가 결정되어야 한다. 예를 들어서 백필터(Bag house)는 가스의 산성 물질의 이슬점 이상 온도와 백(Bag)의 최대의 사용온도 아래에서 잘 가동된다. 만일 전기 집진기가 사용된다면 이것은 역시 입자의 제거만이 이루어지며 또한 그렇게 설계가 된다.

2) 산성 가스

최소한의 중화제만을 사용하면서 산성 가스의 제거를 최대로 하기 위해서는 습식세정장치의 사용이 간편한 방법이다. 염산의 제거는 습식세정기술을 사용한 병원 쓰레기 소각장치에서 99.9% 이상 제거효율이 보고되고 있다.

그리고 또한 산 성분을 제거하기 위해 사용되는 알칼리의 양은 화학양론(Stoichiometric)에서 구해지는 값과 유사하다고 알려져 있다.

따라서 습식세정기술(흡수)은 산성 가스 제거 기술로서 제안되고 있다. 분사탑이나 유동상스크러버(Fluidized bed scrubber)(Catenary Grid Scrubber)와 같이 많은 양의 가스를 처리할 수 있는 장치가 폐기물을 최소한으로 만들면서 높은 제거효율을 내는 장치로서 사용되고 있다. 일반적으로 가성소다(Sodium)나 수산화마그네슘(Magnesium hydroxide)과 같은 수용성 알칼리를 사용하여 흡수된 산성물질과 화학반응을 일으키도록 한다.

그림 3.35는 3 in.w.c.의 압력손실과 99%의 염산의 제거효율을 가지며 80,000 acfm의 가스를 처리할 수 있는 높은 속도 하에서 가동되는 흡수탑인 유동상베드(Fluidized bed)를 보여주고 있다. 이러한 높은 속도 하에서 가동되는 흡수장치는 순방향이나 역방향의 가스 접촉방식으로 반응성 산성 물질을 제거하도록 설계된다. 여러 개의 구역을 가지는 스프레이 탑은 전 세계적으로 탈황시설에서 성공적으로 사용되고 있으며 산성가스흡수의 기능을 발휘한다.

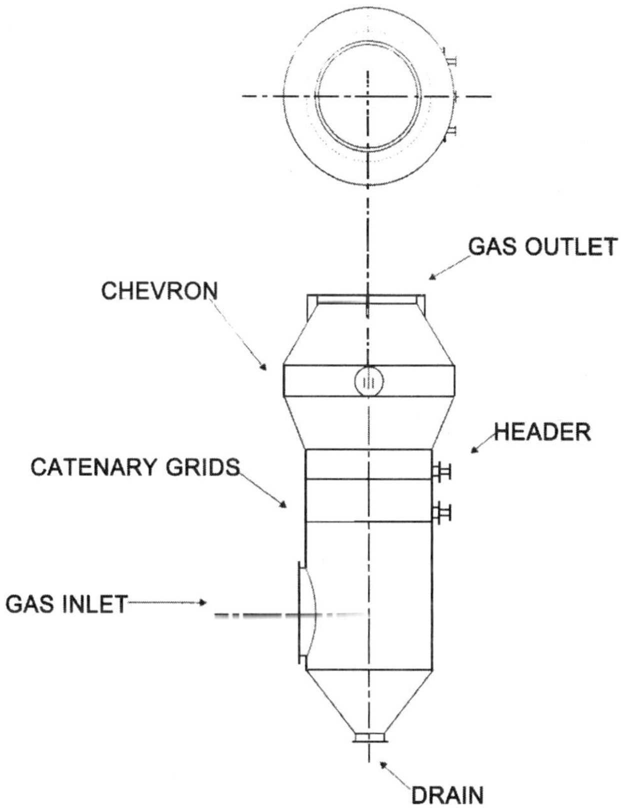

그림 3.35 Fluidized bed scrubber.

3) 중금속

휘발성 중금속의 제거를 고려할 때 여러 가지의 혼합된 흡수장치를 사용한다. 이론적으로 어떠한 배출되는 중금속은 배 가스의 입자 분포에 따라 1차적인 입자포집 전에 가스입자에 응축되어 가벼운 재(fly ash)와 함께 제거될 수 있다. 연소장치에서 좀 더 효율적으로 연소되도록 설계 하므로서 금속이 응축해서 생기는 잔류입자량이 적어져서 포집가능성이 낮아진다.

이러한 응축이나 폐기물량을 증가시키는 흡수제를 분사시키는 응결핵을 공급하는 것보다 오히려 오염물질의 물리적인 요소에 맞도록 집진장치를 설계하여 중금속의 포집 효율을 향상시키는 것이 바람직하다.

예를 들어서 만일 배출물질 중에 수은이 포함되어 있다면 가스의 온도를 낮추고 수은을 응축시키는 것이 필요하다. 그러나 비록 일부 수은이 가스안의 입자에 응축되더라도 추가로 수은 제거장치가 필요하다. 응축이 일어난 후에는 포집된 수은을 반응시켜야 하며 그것을 가장 안정한 형태의 상태에서 제거하여야 한다. 배연가스를 응축시켜서 스크러빙하는 기술은 미국과 유럽의 유해 폐기물 소각로에서 발생한 수은이 포함된 고온 가스를 세정하는 시설에서 많이 사용되고 있다.

표 3.18은 여러 가지의 다양한 수은 물질에서 휘발성과 용해도의 상관관계를

표3.18 Properties of mercury Compounds.

Compound	Decomposes@ (℃/F)	Melts@ (℃/F)	Boils @ (℃/F)
Mercuric:			
Carbonate			
Chloride		277/530	304/580
Oxide	d. 500/932		
Sulfate			
Sulfide	584/1082		
Mercurous:			
Carbonate	130/266		
Chloride		302/578	384/722
Oxide	100/212		
Sulfate			
Sulfide			

Source: *Perry's Chemical Engineering Handbook of Chemistry and Physics,* 45th Edition.

나타내고 있다. 수은을 황(Sulfide)으로 변환시키는 것이 염소로 변환하는 것보다 훨씬 좋은 것은 분명하다. 전자는 후자보다 훨씬 더 안정화된 염이다.

황(Sulfide) 수은 잔류물이 녹도록 낮은 pH하에서 운전되는 이중 장치의 응축기/흡수탑 순환회로를 만든다.

그림 3.36은 응축 스크러빙 시설이 사용되는 곳에서 고온 가스 세정장치에서 온도를 낮추는 것을 보여준다. 비록 송풍기에 의한 압축에서 발생하는 열은 배연가스를 재가열 시키는 것은 매우 미비하다. 가장 중요한 것은 가스의 온도는 오염물질(이 경우 수은)이 휘발되는 포집지역에서 낮은 온도를 유지되어야 한다는 것이다. 우리의 하이브리드 스크러버 시설은 황산을 사용하여 pH값을 2근처로 유지하는 응축 흡수탑을 사용함으로써 이를 수행할 수 있다.

응축 및 흡수의 단계에서 입자제거장치를 통과한 가스는 단열 포화상태가 되고 낮은 pH의 세정수를 사용하여 과냉각된다. 수은을 제거한 후 황(Sulfide)이나 황산염(Sulfate)의 좀 더 안정된 형태로전환되도록 설계된다. 냉각 후에, 액체/고체의 분리장치는 포집된 수은의 휘발양의 감소를 위해 적절하게 찬 온도를 유지시킨다. 만일 수은의 농도가 높다면 물분사 장치가 부착된 유리섬유(Fiberbed Coalscer) 필터[Ⅱ]이나 습식 전기 집진기가 응축기나 흡수장치를 통과한 응축된 수은의 잔류입자를 제거하는 데 필요하다.

유리섬유(Fiberbed)의 기술은 둥지형 예비필터(nested prefilter) 배열 방식이 개발되면서 최근 몇 년간 눈부시게 발전되었다. 높은 독성 중금속 물질이 존재하는 곳에, 이러한 기술은 최종 안전장치로서 사용될 수 있다. 습식 전기 집진기와 이러한 유리섬유필터(Fibered)장치는 추가 화학물질 없이 잔존하는 오염물질을 기계적인 방법으로 제거한다. 산성 세정용액은 염산 포집양을 줄이기 때문에 1차적인 흡수장치 후단에 높은 pH(5.5~6.5)의 상태에서 가동되는 2차 흡수장치를 두고 다음에 최종 포집장치를 놓는다.

산성 중금속 제거장치에서 나오는 폐수는 물리적인 분리장치로 보내지고 액체로부터 포집된 황산염(Sulfide)를 휠터로 분리한다. 남은 액체는 다시 산성 스크러빙 시설로 돌려보내진다. 기본적인 산성가스흡수장치에서 배출되는 폐수는 분리를 위하여 자체의 폐수정화 시설로 보내진다. 이러한 장치는 가스 제거장치에서 마지막의 단계이다. 수용성 알칼리(NaOH 같은)가 사용되고 폐기물은 소금물(Sodium chloride brine)이 된다.

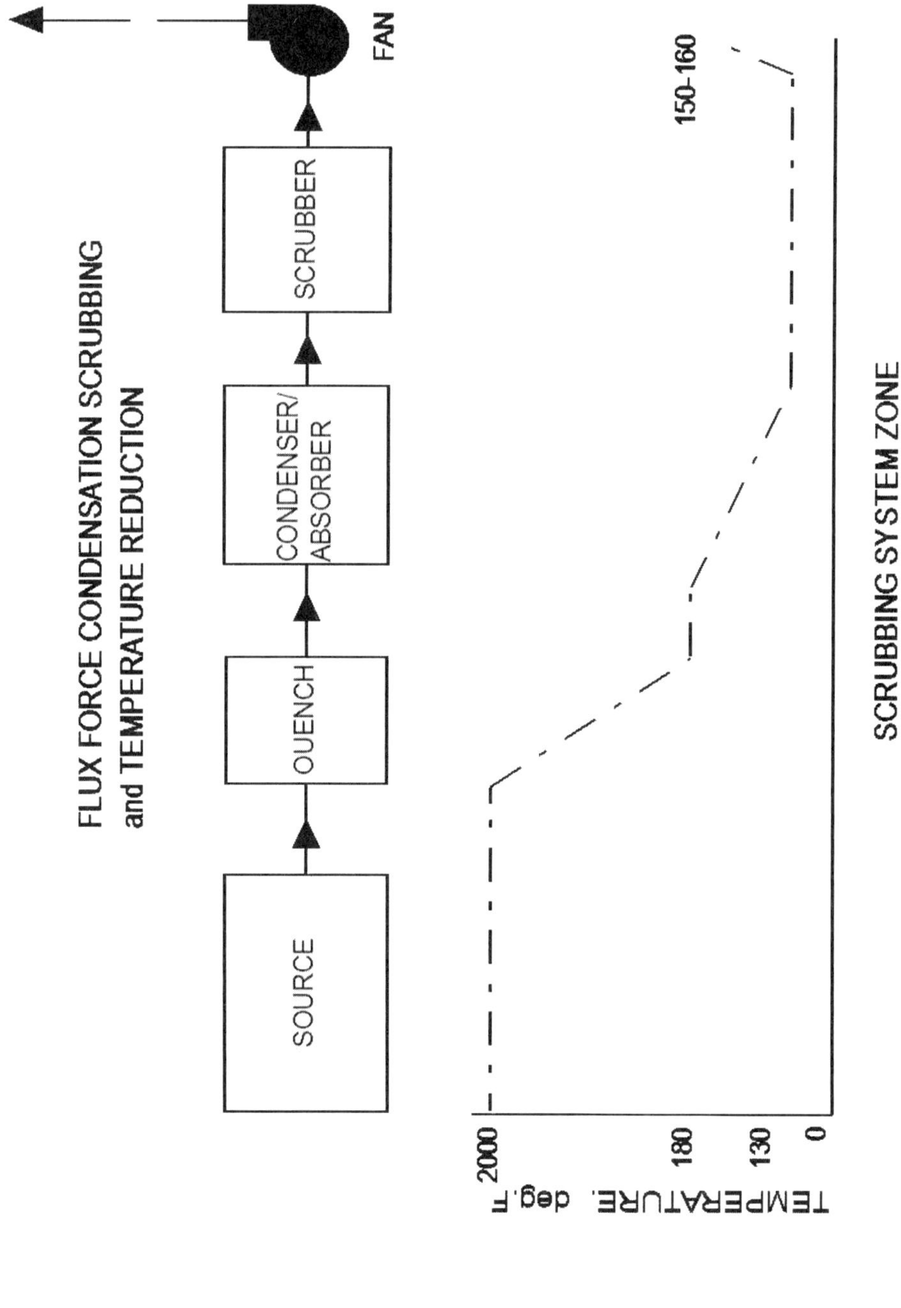

그림 3.36 Scrubbing system zone

4) 독성 유기물질

소각로에서 나오는 폐기물에는 약간의 독성 유기물질을 포함하고 있는 것으로 알려져 있다. 다이옥신이나 2벤젠푸란(dibenzofurans)와 같은 이러한 화합물 중 일부는 발암물질로 취급되어 매우 유독한 것으로 알려져 있다.

(6)번 항의 목적을 달성하기 위하여 우리는 일단 포집된 화합물을 현장에서 파괴 시키고 자 한다. 논문에서도 이러한 화합물을 응축시키는 기술에 의하여 제거가 될 수 있음을 보여주고 있다. 병원 소각시설에서의 실험에서 높은 온도에서 가동되는 '건식' 스크러버 보다 낮은 온도에서 가동되는 것이 독성 유기물질을 제거하는데 효과적임을 알 수 있다. 최근에 폐수 처리 기술에서 자외선을 이용한 과산화수소(Hydrogen peroxide)를 촉매 시켜 독성 유기물질의 파괴기술이 개발되었다(연독 또는 간헐적으로). 응축시설에서 발생하는 폐수는 포집된 독성유기 물질을 현장에서 파괴하는 이러한 기술에 의하여 처리될 수 있다. 과산화수소(Hydrogen peroxided)를 사용하는 방법은 재처리하여야 하는 잔존 고체물질을 만들지 않는다.

표 3.19를 보면 습식세정장치와 표 3.17에 설명된 일반적인 분사식 건조기(spray dryer) 및 백필터(Bag house)에서의 폐기물양을 비교할 수 있다. 건식스크러버(Dry Scrubber)가 오염 물질 1 kg당 2.25 kg의 폐기물을 발생시키는 반면, 하이브리드 스크러버(hybrid scrubbing)시설은 1.77 kg만을 발생시킨다. 최신 기술이란 좀 더 효과적으로 이런 배출물질을 제거시키면서도 동시에 폐기 시켜야 되는 물질의 발생을 엄청 감소시키고 더 많은 독성물질이 좀 더 안정적 잔류물이 되도록 하는 것이라는 것은 분명하다. 그러나 하이브리드 스크러버 시설은 넣어주기만 하는 추가물질 분사 장치처럼 간단하지는 않다. 이것은 훨씬 복잡하고 추기적인 노력을 필요로 한다.

그러나 다음과 같은 문제는 아직 남아 있다. "이러한 오염물질을 제거하는 올바른 방법은 무엇인가?" 간단한 시설을 만들어서 첨가제를 사용하여 땅에 묻어야 하는 폐기물의 양을 증가시킬 것인가? 혹은 좀 더 많은 노력과 자본을 들여서 폐기물의 부피를 최소화 하는 시설을 만들 것인가? 미래에는 다음과 같이 물을 수도 있을 것이다. "그들은 무엇이 잘못되었는지를 몰랐는가?" 그러나 적절하게 설계된 하이브리드 스크러버를 사용할 경우 이와 같은 질문은 없을 것이다.

표 3.19 Wet scrubber with Additives, Waste Produced

Contaminant	Emission Rate, kg/hr	Waste Ratio, kg/kg	Additives/Waste: NaOH/NaCl	Additives/Waste: Sulfide	Additives/Waste: Peroxide	Total Waste Produced
Particulate	388	0	0	0	0	388
HCl	854	1.63	1392	0	0	1392
SO_2	2026	1.97	0	3991	0	3991
HgO	2.3	1.29	0	3	0	3
Dioxins	0.001	3	0	0	0.003	0.003
minimum 2aste = 3270 kg/hr						5774
Ratio of total waste produced to minimum wase produced =						1.77

Basis: 170,000 Nm^3/hr gas flow rate
2000 ppmv SO2, SR = 1.0
1500 ppmv HCl, SR = 1.0
0.005 mg/Nm^3 HgO
40 ng/Nm^3 dioxins
Assume 100% capture of contaminants,

4 유지보수 및 관리

4.1 소개

관심과 유지보수가 없다면 어떤 장치도 운전되지 못한다. 비록 운전자의 상주가 많은 스크러버 장치에 필요한 것은 아니지만 적어도 '정신적'으로 운전자가 항상 있어야 하는 즉 계장장치를 사용하여 감시하거나 사전 유지보수 절차를 철저히 이행하여야 한다.

이 짧은 단원은 산업현장에서 사용되는 스크러버와 스크러빙 시설에 관련해 고려하여야 하는 기본적인 절차를 제시하고 있다. 제작자의 서류와 기타 참고서적(1.2)에서는 이러한 것을 폭넓게 다루고 있으니 참고하기 바란다.

4.2 최적화

왜 유독 가스를 세정 하여야 하고 그 세정수준을 정해 놓은 데에는 분명한 이유가 있다.

그러나 그것 전에 적은 비용을 들이지만 같은 수준까지 제거히는데는 여러 요소 항목들이 있다. 대부분의 중요한 경제적인 요소는 가스를 이송하는 비용으로 이것은 가스상의 압력손실과 직접 연관된다. 이것은 스크러버의 형태, 가동조건, 효율 및 액기비 등과 연관이 있으며 장치의 모든 부분이 관련된다.

스크러버 시설을 계획할 때는 고려하여야 하는 많은 직접요소와 간접적인 요소들이 있다. 이번 장에서 이러한 것 중 일부를 다음과 같이 정리한다.

(1) 다음사항과 같은 인입가스의 특성

- 입자의 크기
- 입자크기의 분포
- 입자의 양
- 가스 온도

- 가스량
- 가스 구성 물질 (특히 염소 포함 여부)
- 이슬점 (수분, 산, 기타)

(2) 기액 분리기 (Mist Eliminator)의 평가

- 가스가 수평으로 흐르는 장치는 많은 용량을 처리할 수 있으나 넓은 설치면적을 차지 한다.
- 수직형은 배수가 용이하게 하기 위하여 예각(sharp angle)으로 설치하지만 수평식보다 효과적이지 못하다.

(3) 사용 재료

- 염소가 존재할 경우 316L이나 904L을 또는 다른 재질이 필요하다.
- 플라스틱(Plastic)이나 FRP로 라이닝(lining)하는 것은 마찰손실이 작고 무게가 가볍다.

(4) 가스 덕트

- 가스의 속도는 먼지가 가라앉지 않을 정도를 유지하여야 하지만 마모가 일어나는 것은 피 할 수 있을 정도로 낮게 한다.
- 후렉시블 조인트를 사용 한다.
- 모든 라인에 배수장치(drain)을 설치한다.
- 배수장치(drain)을 위하여 약간의 기울기를 준다.
- 청소용 점검구를 설치한다.

(5) 송풍기

- 교체 가능한 날개 라이너를 사용한다.
- 날개 끝 청소하는 장치를 둔다.
- 배수장치(Drain)를 두고 반드시 작동 될 수 있게 한다.

4.2.1 액순환 회로(그림 4.1a, 4.1b를 가이드로 참고하기 바란다.)

(1) 순환되는 고형물 - 바닥에서 헷다(header)로 이동되고 다시 바닥에 쌓인다. 이러한 헷다(header)를 스크러버의 기능부의 위에 위치시켜 가동중지 시에는 배수(drain)가 가능토록 한다.

(2) 각각의 스프레이 노즐에 대하여 개개(또는 한번에 제거되는 노즐 그룹 별로)의 잠금 밸브를 설치하여야 한다. 또한 이곳에는 압력계 또는 유량계를 설치하여야 한다. 이것은 노즐에서 일어나는 문제가 어떤 것인지 알게 해서 즉각 조치를 취할 수 있다.

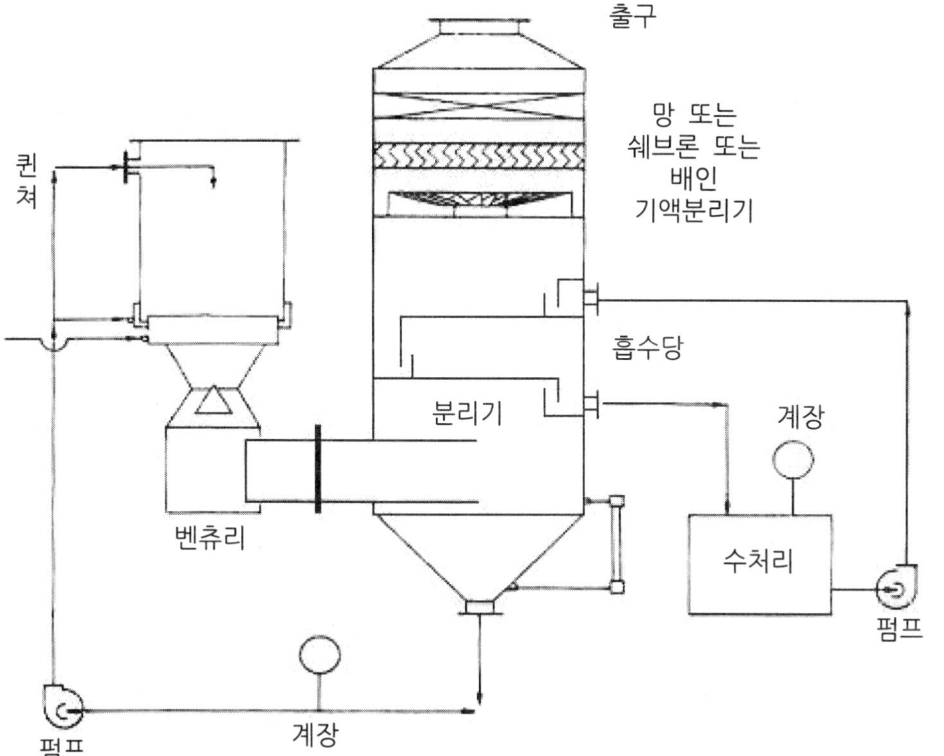

그림 4.14.a. 세정장치 액순환 회로 - 기본도

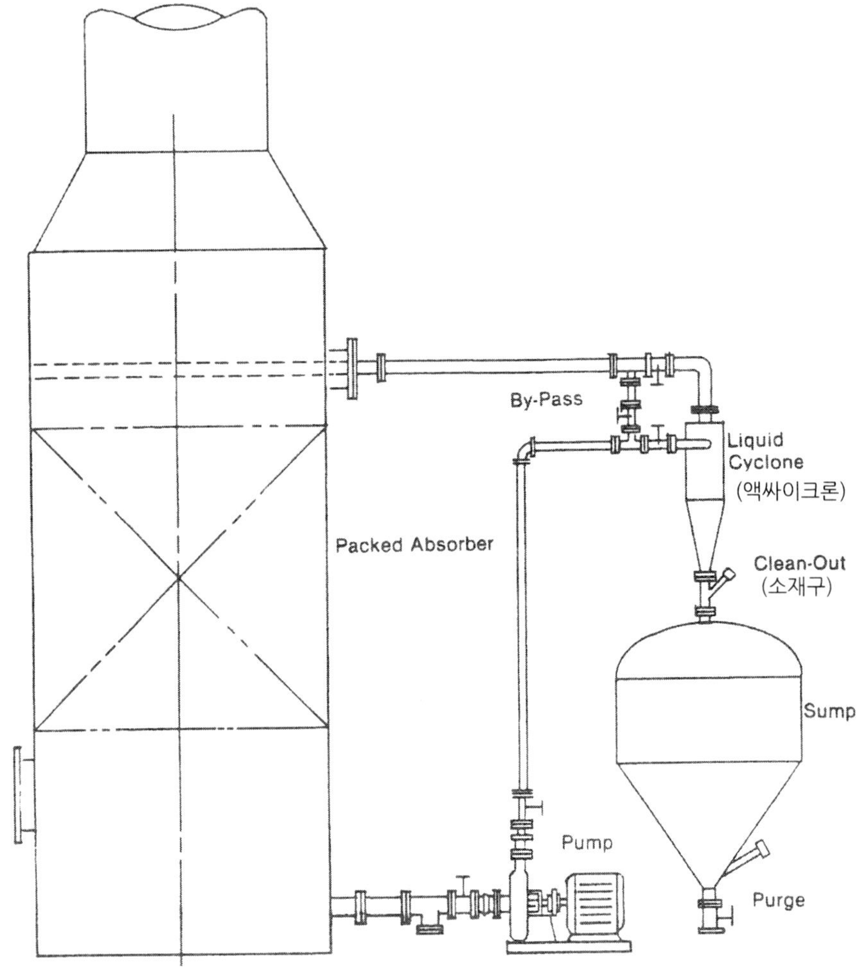

그림 4.1.b. 세정장치 액순환 회로 - 수정분

(3) 될 수 있으면 내부에 웅덩이, 둑, 공동, 배플 등은 피하여야 한다. 이러한 장치들은 일반적으로 양면에서 부식이 일어나며 마모나 보이지 않는 파손이 발생될 수 있다.

(4) 충분한 배수장치(drain)를 둔다. 만일 고형물이 있다면 스크러버의 배수라인에 소제구(rod-out)를 두고 90° 로 꺾이는 부분은 피하여야 한다. 약 45° 의 꺾임각이 소제구 설치에 좋다. 만일 장기적인 가동 중단이 예상된다면

고형물을 처리하는 스크러버에서는 모든 물을 배출 시켜둔다.

(5) 가능한 스프레이 노즐을 사용하는 것을 피하여야 한다. 그것은 막힘 현상과 마모가 일어난다. 만일 반드시 사용하여야 하면 (Bete Fog 회사의 노즐과 같이) 막힘 현상을 방지할 수 있는 것을 선택하여야 한다.

(6) 유량계이나 수위계는 난류가 일어나는 지역에 설치하여서는 안된다. 이것들은 용기에서 칸막이나 또는 벤트장치의 U-튜브로 보호되어야 한다.

(7) 배수(Drain) 시설은 주의 깊게 관찰되어야 한다. 스크러버 배출구가 배수(Drain)로 바로 연결되는 것을 피한다. 이것은 화학반응을 일으켜 오염문제를 유발한다. 많은 경우 배수(Drain)는 적절한 처리 시설(중화탱크 저장소)로 직접 연결한다.

(8) 배관과 패킹에서 머물고 있는 액체가 모두 내려와도 충분히 저장 될 수 있는 용량으로 한다. 흡입구 위치가 높은 스크러버 시설에서 종종 가동 중단시 액체가 하부 탱크(sump)로 넘치기도 한다. 예로, 이러한 것은 특히 액상/고상의 침전 탱크로 가는 개방형 배수관에서 많이 발생한다. 가장 낮은 부분에는 갑작스러운 세정수의 배수를 저장 할 수 있을 정도의 용량을 확보해야 된다.

(9) 간헐적으로 사용되는 플라스틱 스프레이 노즐 배관 (예, 휀 스프레이)에는 수 충격 방지기를 설치하여야 한다. 수년간 이어지는 수 충격은 스프레이 노즐이나 헷다(header)를 망가뜨린다.

(10) 모든 노즐은 간단한 유지관리를 위하여 쉽게 교체할 수 있는 (bayonet type fittings)것을 사용하여야 한다.

(11) 특히 고상 물질을 취급하는 경우 모든 압력의 연결부에는 계기 보호구 또는 충격 흡수기(snubbers)를 장착한다. 충격 흡수기 밑에 티(Tee) 설치하여 헷다 보다 더 높은 압력의 순수물을 밸브로 연결한다.

(12) 모든 화학약품 공급라인에는 믿을만한 역방향 방지 밸브(Check Valve)를 바이패스 (By-Pass)와 차단 밸브 (shut off valve)를 함께 정비가동위치에 설치한다. 파이프라인을 지지하는 (펌프를 지지하는 것이 아닌) 동일 브라켓에 연결시키는 방법으로 펌프들과의 연결부를 지지한다. 화학 약품 공급

용 소구경 라인은 펌프의 회전수에 따라 진동이 발생하곤 한다. 보통 배관 지지 철골의 중량을 추가시켜 충분한 진동완충역할을 하도록 한다.

(13) 가능하다면 펌프의 흡입구와 토출구에는 팽창 조인트(Expansion Joint)를 사용하여야 한다.

(14) 모든 송풍기와 굴뚝의 배수구(Drain)은 압력에 따른 배수 트랩(Trap)을 설치한다.

(15) 스크러버에 대하여 초기 물공급 배관은 크기가 커야함을 잊지 말아야 한다.

(16) 수위계는 반드시 쉽기 접근 가능한 곳에 설치한다. 끈끈한 곳에 사용되는 경우 평판(Flat)형은 피한다. 전기저항형(Conductance)나 전하축적형(Capacitance)이 일반적으로 성능이 우수하다. 그러나 대부분의 스크러버에서 아직도 통부착형(basin)을 사용하고 있다.

(17) 필요한 곳에 샘플채취용 밸브를 설치한다.

(18) 고형물, 부식성물질 또는 마모성 물질로 채워진 배관은 플랜지(flange)로 연결하여 분리 가능토록 한다. 특수연결장치 (Victaulic type coupling)를 사용하는 경우도 있다.

(19) 인명을 보호하기 위하여 모든 알카리수, 산성수, 뜨거운 물의 배관 표시를 한다.

(20) 접근하기 어려운 부분에 배관을 설치하는 것은 피한다. 될 수 있으면 분해와 검사가 쉽게 유니온(union)이나 커플링(coupling)을 사용한다.

(21) 입자가 파이프에 쌓이는 것을 방지하기 위하여 적절한 유체의 속도를 유지하여야 한다. 그러나 마모가 일어날 정도로 빨라서는 안 된다(즉, 4~7 ft/sec).

(22) 마찰손실이나 마모를 적게 하기 위하여 고무 라이닝 배관이나 플라스틱 파이프를 사용하기도 한다.

(23) 배수(Drain)가 되도록 약간의 기울기를 주어 배관한다.

(24) 매우 추운 날 잠시 가동이 중단되거나 배수가 안되는 배관이 있는 경우를 대비하여 배관에 열선(Heat Trace)을 설치한다.

4.3 장치의 특성

여러 가지의 다양한 스크러버의 시설에 대한 비교는 매우 유용한 자료이다. 다음에 이러한 내용을 요약한다;

- **판형**(Plate Tower): 원한다면 각각의 판에 청소구를 쉽게 설치할 수 있다. 그러나 단점은 액체량이 충분하지 못하면 스케일이 빨리 발생하고 판의 밑면을 세척하여야 한다.
- **충진탑**: 입자상 오염물질에 대해서 사용하지 않는다.(어떤 고형물질이라도 반드시 씻어 내어 막힘을 방지해야 한다.) 세라믹 충진물은 갑작스러운 온도의 변화에 대해 금(crack)이 발생하는 무거운 플라스틱이다. 이것은 온도에 제한이 있다.
- **이젝터**(Ejector): 매우 높은 속도를 사용하는 시설이므로 마모가 빨리 일어난다.
- **분무탑**: 노즐에서 마모가 빨리 일어난다. 세라믹을 사용해 이러한 것을 방지할 수 있다. 그러나 이것은 설치 중 조이면서 금(crack)이 발생할 수 있다. (이것을 방지하기 위하여 Teflon을 많이 사용한다.)
- **기액분리기**(Mist Eliminator): 대부분 스프레이 위면과 아랫면에 연속적으로 물을 분사하며 사용한다.
- **벤츄리**(**가스 무화기**): 높은 속도와 압력손실용에는 탄화규소(silicon carbide)벽돌 라이닝을 사용한다.
- **충돌판과 동판형**(Impingement and entrainment): 적절한 수위를 유지하는 데 문제가 있으며 무게가 많이 나간다.
- **기계적 응용장치**(Mechanical Aided): 스케일을 쉽게 제거하기 위하여 임펠러(Mechanical Impeller)에 물을 부사하여 를 사용한다. 그러나 이것은 잦은 유지보수가 이루어져야 한다.
- **움직이는 베드형**(Moving Bed): 대리석 베드와 탁구공형 장치는 국소지역에 먼지가 쌓여 결국 고속이 된다. 플라스틱 볼은 마모가, 대리석 베드는 파손(Crack)이 생겨 물이 빠져 버린다.
- **거품형**(Form): 거품 제거기가 고장을 일으켰을 경우 매우 큰 문제가 발생한다.

- **증기응용형**(Steam-asisted): 열교환기의 인입부가 쉽게 막힘 현상이 일어난다.
- **충전형**(Charged): 전기 집진기와 스크러버가 충전된 물방울에 의해 부식이 일어나는 것은 공통적인 문제이다.
- **송풍기**(Fan): 보통 세정장치로 사용하는 것은 좋은 적용이 아니며 일주일 단위로 청소하여 줄것이 요구된다.
- **예비 냉각장치**(PreQuench): 처리가스의 조건을 만들어 주는 것 이외에도 많은 장점이 있다. 예를 들면 원광석 용광로에서 예비냉각장치(Pre-Quench)가 없는 신규 스크러버가 매 6개월 마다 청소가 필요하였던 것이 냉각장치를 사용한 경우 4년 이상을 100% 가동 한다.

4.4 화학약품 관리

세정 집진기는 기본적으로 화학공정 장치이다. 따라서 훌륭한 화학적 및 화학공학 지식은 성공적인 가동에 매우 큰 도움을 줄 것이다. 어떤 시설 배연탈황시설 특히 FGD 악취제거, 슬러지 스크러버 등에서는 정확한 화학약품의 소요량과 조절이 필요하다. 예를 들어서 석회석 스크러버에서는 스케일이 생기지 않도록 pH값을 약 7~9값을 유지하여야 한다. 석회석의 경우 pH값은 5.5~6.0정도이다. 이러한 시설에서는 저장탱크(Hold Tank) 바로 전단에서 pH의 값은 낮게 된다. pH의 값은 스크러버를 들어갈 때 가장 높게 되고 반응이 일어나면서 변하게 된다. 많은 시설에서 반응이 완전히 일어나기 위해서는 시간이 필요하며 이러한 시간에 따라 pH값이 변하게 된다.

화학물질을 초과하여 사용하는 것은 가격을 다음 이유로 증가 시킨다.

약품의 이용률이 준다; 스케일이 생성될 가능성이 높다. 불필요한 가스를 흡수한다. 대기오염물질을 과다하게 제거한다. 재료의 재질에 역영향을 미칠 수 있다. 화학약품을 적게 사용하였을 경우에는 비슷한 문제를 일으키며 효과적인 제거를 실현시키지 못한다.

스크러버에서 화학물질의 농도를 정확히 측정하는 것은 매우 어려운 일이다. 주지한 바와 같이 pH가 가장 선호하는 값이다. 그러나 센서는 주기적으로 분리하여 청소되어야 한다. 어떠한 시설에서는 정확한 측정을 위하여 유체가 흐르는 중간에 센서를 위치시키기도 한다. 이것은 마모를 증가시키고 자주 배관을 청소하여야 하는 문제를 야기한다.

4.5 기타 계장

스크러버 효율을 결정하는데 압력손실의 중요성은 이미 논의 하였다. 압력손실(ΔP)은 또한 시설의 성능이 어떠한지를 아는 실마리로서 중요하다. 그러므로 가장 중요한 계장은 압력 손실과 정압을 측정하는 것이다. 최소한 스크러버, 송풍기, 기액분리기(mist eliminator)에는 이러한 계장이 부착되어야 한다. 이러한 장치의 연결에는 반드시 액체의 접근이 어렵도록 위쪽에 설치하고 스케일 막힘으로 인해 고장 나지 않도록 최소거리를 두어 설계한다. 이것에 제안이 그림 4.2에 나타나 있다. 또한 압력측정을 위한 배관은 반드시 배관과 개구부가 막힘이 없도록 깨끗한 건공기로 청소해 둔다. 계장을 보호하기 위하여 3방향 밸브를 사용 하여 연속적 또는 간헐적으로 시행한다.

4.6 인원

화학공정 장치로서의 스크러버는 가동 및 유지관리를 위하여 많은 수의 인원을 필요로 하지는 않는다. 그러나 각각의 개인은 충분히 교육되어져야 하고 요구 되는 기능을 수행할 수 있는 능력이 있어야 한다. 시설이 대용량이 되더라도 유지 관리에 필요한 인원은 시설의 크기가 늘어남에 따라 늘어나지 않는다.

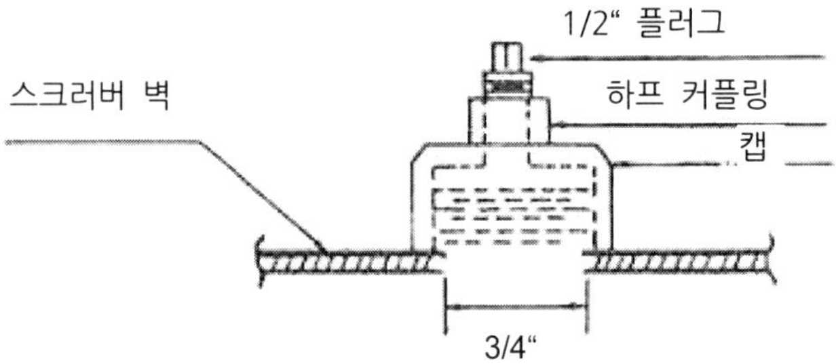

(a)

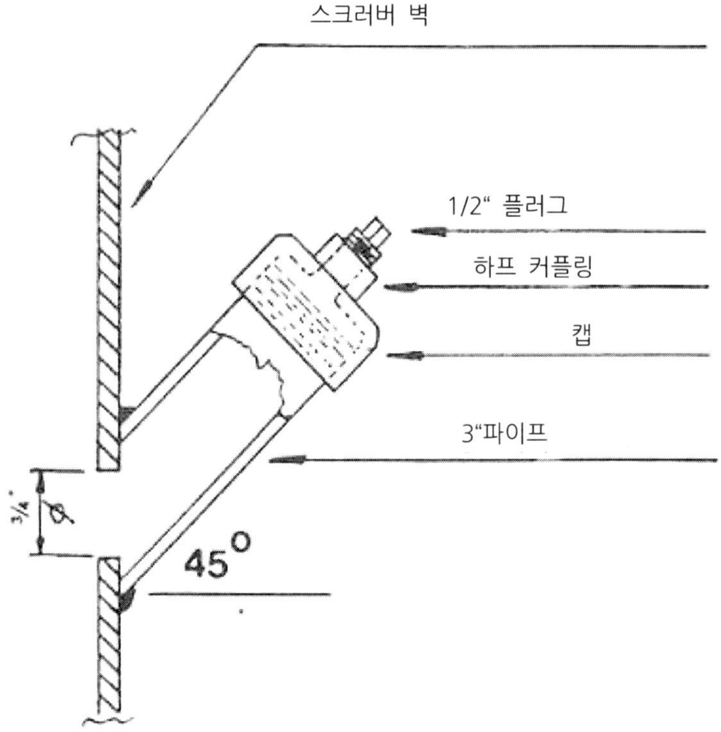

(b)

그림 4.2 습식 세정장치에서 압력측정용 기기 연결구 실예
(a) 수평형 장치, (b) 수직형 장치

예를 들어서 1400 MW의 대용량의 FGD시설에서 100 MW당 평균 3명의 인원이 필요하였다. 여기에는 16명의 가동자와 8명의 유지관리자, 4명의 계장 기술자, 2명의 화학공학자, 2명의 기술자, 1명의 전기기술자와 22명의 노동자만이 필요할 뿐이었다. 유사한 기술이 이보다 작은 시설에 비슷한 규모인원이 필요하였고 시설단위 용량의 시설 당 더 많은 인원이 필요하였다.

4.7 확인사항

스크러빙 시설에서는 확인사항이 있으며 반드시 확인해야만 한다. 표 4.1는 유지관리용 확인사항 목록과 횟수이다.

확인사항들은 각각의 상황에 따라서 맞추어져야 한다. 표 4.2의 확인사항 목록은 도움이 될것이다. 무엇보다도 다음과 같은 중요한 장비에 대해서는 파일로 묶어 두어야 할 것이다.

- 운전지침서 (Operating Manual)
- 장치 및 부품 도면 (System and Component Drawings)
- 부품 목록 (Parts List)
- 계획서 (Schedule)
- 제작자 사양서 (Manufacturer's Specifications)

표 4.1. 배가 스크러버 정비 확인사항 목록 (안)

일 일 점 검	
점검 지침	확인사항
1. 펌프	a. 그랜드씰 부위 누수
	b. 소음의 증가
2. 밸브	a. 개폐 위치
3. 배관	b. 누수
4. 본체	a. 누수
5. 압력계	a. 누수
	a. 전날 대비 압력변화
6. 압력계, 전류계, 혼합형	a. 최종 청소 후 읽은 값 대비 압력, 전류값 변화
계기값	예상 문제
1. a. 수압 동일 b. 전류 동일	a. 없음
2. a. 수압 감소 b. 전류 감소	a. 노즐 탈착 b. 펌프 마모 또는 흡입 배관 막힘
3. a. 수압 동일 또는 증가 b. 전류 감소	a. 노즐이나 분사바의 막힘.
4. a. 수압 증가 b. 전류 증가	a. 분사바나 분지관에 구멍
주 간 점 검	
점검 지점	확인사항
1. 분사바	a. 막힌노즐
	b. 낡거나 없어진 노즐
2. 배관과 분지관	a. 막힘 또는 누수
3. 압력계	a. 정확도
4. 펌프와 밸브	a. 마모 정도
	b. 밸브 작동
5. 스크러버 본체	a. 입구에 쌓인 물질 확인
	b. 마모 정도
	c. 부식 정도

표 4.2. 스크러버 장치 확인사항 목록

Valves/dampers
- bypass(periodically operate to be sure they are not frozen in open or closed position)
- density control
- water purge control
- pH elements, flush water
- chemical makeup control
- pond return
- fresh water makeup

Process water
- pumps
- pressure gauges
- tanks
- agitators

Controls/feedback
- stock gas flow
- makeup water
- reagent feeder rate
- slurry pH
- tank level
- slurry density
- by-product disposal

Safety systems
- high-temperature limit controls
- interlocks
- alarms

Compressed air
- availability
- filters

Sensors
- pressure
- temperature
- flow

Heat tracing

Analytical systems

5 습식 스크러버의 성능 시험

5.1 개요

모든 형태의 대기오염 방지 장치에서처럼 습식 스크러버의 입구와 출구 데이터를 알면 본 장치를 좋은 상태로 운전할 것이고 문제가 발생 시 즉각 조치 할 수 있을 것이다. 정확한 세정 집진기의 배출가스에 대한 자료는 어떠한 과정을 거치지 않는 한 얻기가 어렵다. 예를 들어 기액분리기(mist eliminator)는 제 위치에 확실하게 설치되어야 하며 올바른 가스의 속도 하에서 가동되어야만 한다. 스크러버에서 배출되는 가스와 함께 많은 물방울이 뛰어 나온다. 모든 물방울은 수증기와 입자로 계산된다. 이것으로 인해 시험결과 현격하게 바뀐다.또한 배출허용기준을 초과하는 원인이 된다.

스크러버에서 채취한 시험 가스는 필터 종이를 보호하기 위하여 이슬점 이상으로 습기를 유지시켜야 한다. 포집되었거나 혹은 응축된 수분은 종이 필터를 망침으로써 실험을 불가능 하게 할 수 있다.

스크러버와 기액분리기(mist eliminator) 두 곳에서의 압력손실 측정값이 스크러버의 적절한 가동을 위해서는 이미 필요하다고 언급된 바 있다. 이것은 또한 성능시험에서 반드시 필요한 시험 자료가 된다.

5.2 건 배연가스의 구성

대부분의 일반적인 배연가스에서 건가스를 분석하면 CO_2, O_2, N_2로 이루어져 있다. 이런 원소는 대부분의 연소가스와 소각로 공정 가스 중에 있다. 그러나 만일 심각한 정도로 CO, SO_2나 그 밖의 가스가 많을 경우, 이들 가스도 고려하여야만 한다.

정상적 부피비로 1000 ppm(0.1%)보다 낮은 가스의 경우 건가스 분석의 주요 목적인 분자량계산에서 무시한다. 질소의 농도는 100%와의 차이로 구할 수 있다. 그러나 습분자량을 구하려고 할 때는 수증기의 양이 고려되어야 함을 잊지 말아야 한다. 이것은 피토 방정식에서 사용된다. 이것은 5.3단원에서 설명하고 있다.

건가스의 분석은 Orsat 형 분석기에 의하여 구할 수 있다. 현재 공통적으로 사용되고 있는 장비는 바차라흐(Bacharach) 가스 분석기이다. 이것은 화이라이트(Fyrite)사의 등록상표이름이다. 이들 장비는 못 생기고 잘 새지 않게 만든 '아령(dumbell)'모양의 흡수기 이다. 그들은 바차라흐사(Bacharach INC)에서 만든 흡수액이 채워져 있다. 정상적인 현장 시험을 위해 가스 펌프, 필터 및 튜빙이 갖추어진 이동식 상자를 가지고 온다. 이것의 가동온도는 −30~150°F이고 가스는 850°F까지 채취가 가능하다. 이들의 측정 눈금 범위는 CO_2, O_2에 대하여 0~7.6%, 0~20%, 0~60%가 된다.

화이라이트(Fyrite) 흡수기의 운전에 대하여 표 5.1에 정리한다. O_2의 흡수기는 대기 중의 공기가 20.9% 함유 실험함으로서 확인될 수 있다. CO_2의 흡수기는 인간이 내보내는 숨이 약 4% 임을 실험함으로써 확인 될 수 있다.

- **액체 수위**(Fluid Level): 0의 상태에서 구멍 안에 있는 흡수 용액은 1/8~5/8 in가 된다. 플랜져 펌프를 가동하여 깨끗한 물을 꼭대기에 떨어뜨림으로써 수위는 올라가게 된다. 상부에서 나사를 풀고 주사기나 유리봉으로 빼내어 수위를 낮춘다.
- **온도**: 초기 가동할 때 가스의 온도가 850°F보다 낮은 조건에서 평형을 이루도록 15~20분간 놓아둔다.
- **채취관**(Sample lines): 만일 제공된 시설의 배관이 증가한다면 증가한 배관의 3 in^3 마다 1개의 bulb squeeze를 설치한다. 건배연가스와 습식 스크러버에 대하여 주의 사항을 한마디로 한다면 습식 스크러버는 종종 알칼리 슬러리와 함께 운전된다는 것이다. 이것은 CO_2를 흡수하므로 인입과 배출에서의 탄소의 정확한 균형이 이루어지지 않는다. 분명하게 불균형을 즉시 맞출 수 없다. 이것은 산소에 대한 균형은 단지 선택사항임을 나타낸다.

5.3 시험결과에 따른 진단

이러한 종류의 시험은 세정 집진기가 최적의 조건에서 가동되는지, 아닌지를 결정하는데 도움을 준다. 이러한 것에는 다음과 같은 자료가 유용하다.

- 스크러버의 크기 및 외형
- 건구 및 습구 온도
- 건 가스 분석결과
- 피토압력 손실
- 정압
- 대기압
- 분사노즐 헷더 압력
- 액체 사용량 (재순환, 배출, 보충)
- 액체 중 고형물 농도
- 산성 대 알칼리의 화학양론
- 액체 pH
- 분사노즐 형태 및 수량

앞에서의 처음부터 6개의 자료는 가스 풍량(Flow Rate)을 구하기 위해 필요한 자료이다. 이것과 액체 관련 자료를 더해서 액기비를 구한다. (일반적으로 실제가스 1000 ft^3 당 액체 gal로 표현한다.)

'병든' 습식 스크러버 여부를 알아보기 위해 첫 번째로 시도하여야 할 것 중 하나는 스크러버에서 배출되는 가스가 포화상태인지 아닌지를 검토하는 것이다. 이것은 휀 전단이나 가능하다면 스크러버의 배출구에 가까운 곳에서 해야만 한다. 만일 기액분리기(mist eliminator)가 적절하게 작동하고 있고 습구온도와 건구온도가 같다면 배출되는 온도는 포화상태일 것이다. 만일 가스가 포화상태가 아니라면 스크러버가 작동하지 않거나 설계가 잘못된 것이다. 만일 스크러버가 심지어는 가스를 포화상태로 만들지 못한다면 이것은 가스의 흡수나 입자의 제거를 제대로 수행할 수 없다.

표 5.1. Fyrite 시험기의 응축 운전 지침서

CO_2	O_2
Zero Scale Depress plunger one to two times Full rotation one time Hold @ 45° 5 sec, the upright Depress plunger Set scale Zero at liquid top	Zero Scale Depress plunger one to two times Full rotation two times Hold @ 45° 5 sec, the upright Depress plunger{ir fluid drops over 4%, repeat two rotations, then depress plunger again) Set scale Zero at liquid top
Obtain Pumped Sample Lay connector on top of each dumbbell in turn and push to depress plunger. Squeeze bulb 18 times, then remove connector *during* last bulb squeeze.	
Absorb CO_2 Full rotation two times Hold @ 45° 5 sec, the up 2 sec Read CO_2 on scale	Absorb CO_2 Full rotation four times Hold @ 45° 5 sec, the up 2 sec Read CO_2 on scale
Finish Depress plunger Check-re zero	Finish Depress plunger(if O_2 was >4%, rotate four times, then depress plunger again) Check-re zero
Fluid Strength Check Don't depress plunger, but repeat "absorb CO_2, " it is OK if change <1/2% CO_2	Fluid Strength Check Same as CO_2

증기표와 공기선도는 (1.3.2 단원) 이 시험에서 이용할 수 있는 좋은 자료이다. 만일 가스가 포화상태라면 수분량은 스팀 표에서 그 온도에서의 포화증기압을 구하여 절대압으로 나눔으로써 알 수 있다. (절대압은 대기압 ± 측정지점의 닥트 압이다.) 만일 가스가 포화상태가 아니라면 공기선도에서 수분량 'H'를 건공기 lb당 수분량 lb비를 구하여 계산한다. 이렇게 해서

건구온도로 시작하여 습구온도에 도달할 때 까지 단열냉각곡선을 따라간다. 이 값이 H이다. 수분량(%)를 구해보자

$$\%\ \text{water} = \frac{161\,\text{H}}{1.61\,\text{H} + 1}$$

피토방정식은 가스의 속도를 구하는 데 이용한다. 건가스의 분석과 수분량이 습가스 분자량(MWwet)을 계산하는데 사용된다. 피토 방정식은 다음과 같다.

$$V_s = 5128.8\ C_p \sqrt{\frac{(460 + T_s)(\Delta P)}{P_s\,(MW_{wet})}}$$

여기서,

V_s : 실제가스 속도 (actual gas velocity, ft/min)

C_p : 피토관 계수, 무차원수 (Pitot corfficient dimensionless)

(= 0.99 for std. pitot and 0.84 for properly constructed S pitot)

T_s : 굴뚝온도 (Stack temperature), °F

ΔP : 피토관 압력차 (pitot pressure differential), in. of water

P_s : 굴뚝 또는 덕트 압력 (stack or duct peressure), in. of mercury

(이것이 대기압 ± 덕트압 이다.)

가스의 속도에 측정 덕트의 단면적(ft^2)을 곱한 것은 실제가스 풍량(acfm)이 된다. 가스를 이상기체라고 가정을 하면 표준상태의 가스의 부피(scfm)는 다음과 같이 구할 수 있다. 여기서 scfm이란 68°F, 1기압임을 명심하자.

$$\text{scfm} = (\text{acfm})\frac{460 + 68}{460 + T_s}\left(\frac{29.92}{P_s}\right)$$

건가스의 부피 scfm (dscfm)은 다음과 같이 구할 수 있다.

$$dscfm = (scfm)\left(\frac{10 - \%\ H_2O}{100}\right)$$

dscfm은 스크러버의 운전 특성을 검토하는데 매우 유용하다. 예를 들어 만일 시설에서 누출이 없다면 통상적인 장치에서 입구 dscfm은 배출 가스의 dscfm과 같게 된다. 만일 건가스의 분자량이 크게 다르다면 인입조건과 배출조건의 물질수지를 맞추어 보아야 한다.

노즐의 수와 형태를 알고 있을 때 분사바 헷다(Header)에서 압력계를 이용하여 액체의 유량(gpm)을 알 수 있다. 이러한 정보는 노즐제작자의 문헌에서 찾을 수 있다. 유량계 또한 이러한 자료를 구할 수 있다. 그러나 이것을 운전 상태에서 읽고 일정하게 유지하는 것은 매우 어려운 일이다. 왜냐하면 보통 순환수는 보통 무게비로 10%나 그 이상의 고체를 포함한 슬러리 상태이기 때문이다.

이렇게 구한 자료를 이용하여 액기비를 계산한다. 경험법칙에 따르면; 입자제거에서 액기비는 5 gal/1000 acf 보다 작을 수 없고 가스 흡수에서는 액기비가 약 25 또는 그 이상이다.

또한 스크러버 안의 액체가 스크러버의 전체 단면적을 덮을 수 있는지를 유량, 노즐의 형태와 숫자, 스크러버의 모양 등을 검토하여야 한다. 스프레이 노즐에 대한 제작자의 참고 문헌이 이러한 것을 추정하는 데 도움이 될 것이다.

고체들도 가끔 순환 시설에서는 필요하다. 어떤 화학물질들은 흡수된 후에 천천히 반응 한다. 그리고 응집물이 형성되는데 10~20분이 소요된다. 슬러리에서의 고체들 핵의 역할을 하도록 하여 응집물을 만든다. 따라서 응집물이 스크러버 내부에 달라붙는 것을 방지한다.

그러나 결국 이런 응집물은 스크러버를 막는 원인이 된다.

빈번히 스크러버 장치는 인입가스 중의 산성물질을 제거하는데 사용된다.

이러한 흡수된 산성 가스는 알칼리(예, 석회석)의 첨가로 중화시켜야 한다. 화학 반응식에서의 균형을 맞추는 것은 1몰의 산성 물질을 제거하는 데 필요한 알칼리의 몰수를 나타낸다. 가끔 중화를 충분하고 확실하게 하기 위하여 약 1.2

를 곱하여 사용하는 경우도 있다. 그러나 너무 여유가 많으면 습식 스크러버 운전상에 화학약품이 차지하는 비용이 매우 많아져 불이익이 된다.

화학 균형을 맞추는 것은 필요한 알칼리의 양을 추정하는데 사용될 수 있다. 그러나 유량과 농도가 자주 변함으로 인하여 pH값을 사용하여 실질적인 화학물질 첨가량을 조절한다. 앞단에서의 정보를 기초로 하여 pH의 알맞은 조절은 적절한 산성물질의 제거와 가격의 절감을 가져오므로 매우 중요하다.

5.4 응용 시험

응용시험(Compliance Testing)에 대한 많은 요소들은 단원 5.2, 5.3에서 다루었다. 응용시험(Compliance Testing) 절차는 여러 가지의 참고서적에 나타나 있다. 이러한 것에는 Hesketh(1994), Code of Federal Regulations 등이 있다. 공식적으로 승인된 절차를 이용하여야 한다. 만일 그렇지 못한 경우에는 시험전에 시험절차의 차이점에 대하여 승인을 받아야 한다.

기본적으로 EPA의 방법5를 입자상 물질측정(particle sampling)에 대하여 사용되고 있다. 이것은 다음을 포함한다. 방법 1: 측정법, 방법 2: 가스속도, 방법 3: CO_2, O_2의 공기와 분자량 초과분 측정, 방법 4: 습도 등이다. 추가로 필요한 경우 다음것을 사용한다.

- 방법 6 : SO_2
- 방법 7 : NO_x
- 방법 8 : H_2SO_4 and SO_2
- 방법 9 : opacity
- 방법 10 : CO
- 방법 11 : H_2S
- 방법 19 : SO_2 와 기타 가스 (from utilities)

다른 방법들도 또한 사용가능하다.

방법 5 측정 장치가 가장 많이 쓰이는 것이나 이 장치는 유기화합물(VOST-or MM-5)과 추가로 HAPs를 측정할 수 있도록 개량되어질 수 있다. 그림 5.1은 방법 5에 대한 개략적인 그림이다. 방법 5 장비는 가스의 누출 없도록 꽉 조여서 조립해야 한다. 일반적으로 필터 인입부에서 검사해 15 in. Hg의 진공조건에서 분당 0.02 ft^3이상의 가스누출은 허용되지 않는다. 시험노즐의 끝에서 검사해 5 in. Hg의 진공조건에서 0.02 sfm의 누출이 허용되지 않는 다. 측정하러 현장으로 가기 전 건가스 측정기(DGM)은 누출 확인 후 21 in. Hg의 진공조건 에서 교정한다. 포집물이 과열이나 휘발되지 않도록 DGM 교정계수는 M-5 조정상자에 확실히 붙여둔다.

필터가 건조상태로 유지되고 포집물이 과열이나 휘발되지 않도록 M-5의 고온상자 220~270°F의 온도를 시험기간 동안 유지하여야 한다. 차가운 상자의 집진장치 (Impinse)는 얼음물에 담궈 두어서 가능한 한 차가운 상태를 유지하여야 한다. 일반적으로 S형태의 피토는 0.84의 피토 계수가 되도록 제작한다.

습식 스크러버의 출구를 시험할 때는 모든 배관(예, 채취관 피토관 등)을 응축수나 낙수가 없이 깨끗하게 유지하는 것이 매우 중요하다. 피토관은 특별히 손상이 가기 쉬우므로 주의하여야 하고 필요하다면 주기적으로 공기를 불어 넣어 청소해 주어야 한다.

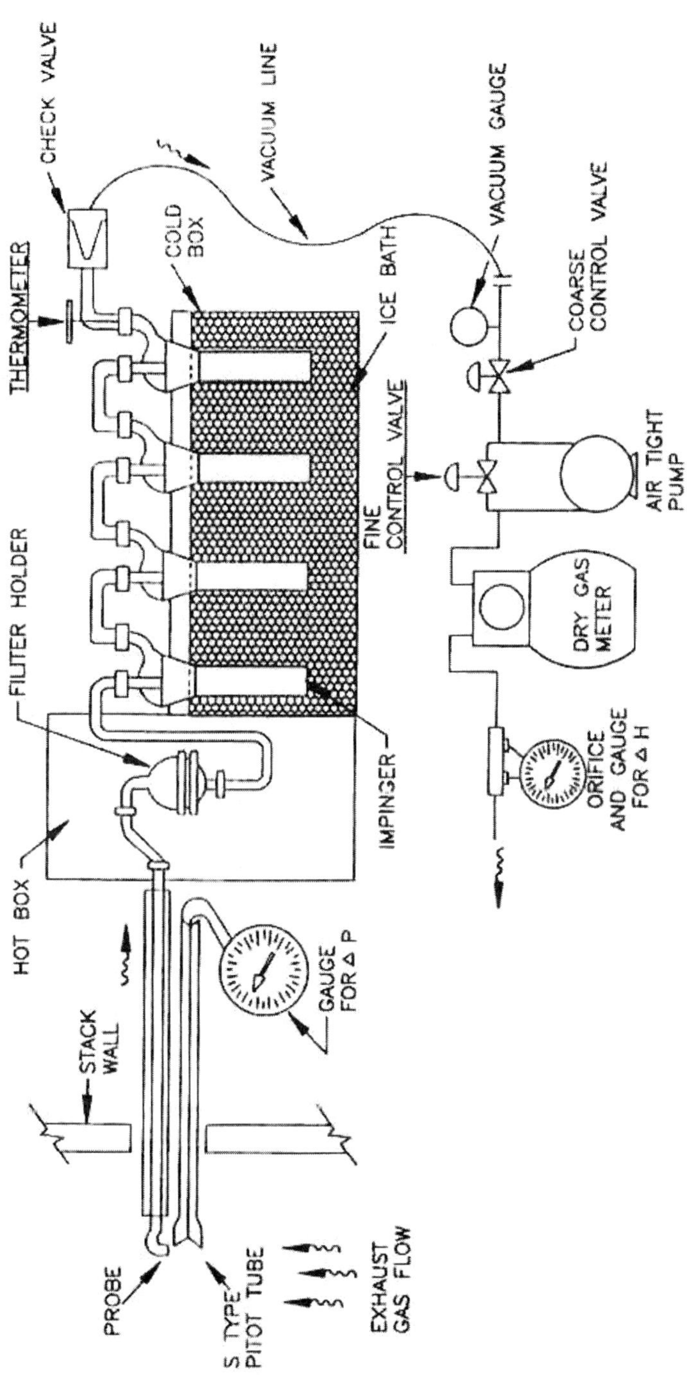

그림 5.1 U.S. EPA Method 5 test train.

범 례

acfm = actual cubic feet per minute

dscfm = dry standard cubic feet per minute

FGD = flue gas desulfurization

gr = grains, 1/7000 of a pound

HETP = height equivalent of a theoretical plate

L/G = liquid-to gas ratio, gal/1000 acf saturated gas

N_T = number of impingement trays

ORP = oxidation reduction potential

o.u. = odor units

ppm = parts per million (by volume if gaseous; by mass if liquid or solid)

scf = standard cubic feet

s/s = stainless steel

TPD = tons per day

V_P = velocity pressure

w.c. = "water column", refers to height of a water column

w.g. = "water gauge", refer to height of a water column

ΔP = pressure drop

ϵ = efficiency, fraction

㎛ = micrometer of "micron"

e_G = density of gas, lb/ft^3

e_L = density of liquid, lb/ft^3

참 고 문 헌

1) Brink, Burggrabe, and Greenwell, "Mist Eliminators for sulfuric Acid Plants," *Chemical Engineering Progress,* November 1968.

2) Brink, J.A., Jr,. "Acid Mist Control with fiber Mist Eliminators," *Canadian journal of Chemical Engineering,* June 1963.

3) Blasewitz and judson, "Filtration of Radioactive Particles by Glass Fibers", Chemical Engineering Progress, January 1955.

4) Blasewitz, Carlisle, Judson, Katzer, Kurtz, Schmidt, and Weidenbaum, *Filtuation of Radioactive Aerosols by Glass Fibers,* Handford Works, Richland, Washington energy commission, Atomic Energy Commission, General Electric Company, April 16, 1951

5) California Air Resources Board, "Final Draft-State of the Art Assessment of Medical Waste Thermal Treatment," Energy and Environmental Research Corporation, Irvine, CA, Contract A832-155, Dec. 1989, pp. 150.

6) Calvert, S., Ed.,"Feasibility of Flux Force/Condensation Scrubbing on Fine Paticulate.

7) Cheremisinoff, P. and R. Young. Pollution Engineering Practice Handbook (Ann Arbor, MI: Ann Arbor Science Publishers, Inc., 1975).

8) Code of Federal Regulations, Title 40-Protection of the Environment, Chapter 1-EPA, Subchapter C-Air Programs, Part 60-Standards of Performance for New Stationary Sources, Appendix A Reference Methods (as amended).

9) Collection," U.S. EPA Technology Series, EPA G50/2/73-036, Oct. 1973.

10) Cross, F.L. and H.E. Hesketh. Handbook for the Operation and Maintenance of Air Pollution Control Equipment(Lancaster, PA: Technomic Publishing Co., Inc., 1975)

11) Duros and kennedy, “Acid Mist Control”, *Chemical Engineering Progress,* September 1978.

12) "Environmental Pollution Control at Hot Mix Asphalt Plants"(Riverdale, MD: National Asphalt Pavement Association), Information Series No. 27.

13) *EPA fine Particle Scrubber Symposium,* National Enbvironmental Research Center, NIT, A.P.T. Inc., October 1974.

14) Fairs, “High Efficiency Fiber Filter for the Treatment of Fine Mists,” *Transactions Institute for Dhemical Engineers,* Vol. 36, 1950.

15) Fan Engineering (Buffalo, NY: Buffalo Forge Company, 1970)

16) Hartenstein, H.-U."A Fixed Bed Activated Coke/Carbon Filter as a Final Six Months' Operating Experience." AWMA Paper 92-48.04, Annual Meeting, June 1992.

17) Hesketh, Howard E., Air and Waste Management-A Laboratory/Firld Handbook, Lancaster, PA: Technomic Publishing Co., Inc. (1994)

18) Hesketh, H. E. Air Pollution Control (Ann Arbor, MI: Ann Arbor Science Publishers, Inc., 1980).

19) Hesketh, H. E. Chem. Engr. Progress (Vol. 91, No. 10, pp. 98~100, October 1995)

20) Hesketh, H., Schifftner, K., "Describing and Defining the Catenary Frid Fluidized Bed Mass Transfer Separator." Atmospheric Environment, Vol. 19, 10, Pergamon Press, 1985, pp. 1565-1572.

21) Hohlfeld, R. W. "SO_2 Emission Reduction Caustic Scrub,"Inorganic Chemicals (Wal-nut Creek, CA:Dow Chemical, USA, 1987).

22) Industrial Ventilation, llth ed. (Lansing, MI: Committee on Industrial Ventilation,1970).

23) Lapple, C. E., “Mist and Duct collection.” *Heating, Piping, and Air Conditioning,* February 1946.

24) Lapple, C. E., *Ribrous Aerosol filters,* Chemical Engineering

Department, Ohio State University, AEC Los Alamos meeting, September 1953.

25) Lemann, Dr. M., :The Possiblities of Assing a Special Wet Scrubber System for MSW Facilities," Von Roll, AG, Zurich, Switzerland.

26) McIlvaine, R., Ed. Thr McIlvaine Scrubber Manual (Northbrook, IL: The McIlvaine Company, revised monthly).

27) Moller, J.T.,Christiansen, O.B., "Dry Scrubbing of Hazardous Waste Incinerator Flue Gas by Spray Dryer Absorption." AWMA, 77th Annual Meeting, Paper 84.9.5, June 24-29, 1984.

28) Personal Communication, Mr. Emory Froelich, Peroxidation Systems, Chandler, AZ, Nov.1992.

29) Psychrometric Charts (Dover, NH: Zimmerman and Lavine, Industrial Research Services, Inc., 1964)

30) Quimby, J.M., Teller, A.J. "Mercury Removal from Incinerator Flue Gas,"AWMA Paper 91-35.5, 84th Annual Meeting, June. 1991.

31) Ramskill and Anderson, *The Inertial Mechanism in the Mechanical Filtration of Aerosols,* naval Research Laboratory, Washington, DC, 1957.

32) Ranz, W. E,. "The Impaction of Aerosol Particles on Cylindrical & Spherical Collectors," *Engineering Experiment Station Technical Report,* No. 3, University of Illinois, March 31, 1951.

33) Ranz, W. E., "The Role of Particle Diffusion and Interception in Aerosol Filtration." *Engineering Experiment station Technical Report,* University of Illinois, september 1, 1952.

34) Rood, M.J., Wood, J.P., "Modeling the Simultaneous Removal of SO_2 and HCl from Municipal Waste Combustion Flue Gas via Spray Dryer Absorption," AWMA Paper 92-39.02, 85th Annual Conference, June 1992, Figure 8.

35) Schifftner, K., "Integrating Incinerator, Scrubber and Waste Disposal:

The Key to Suc-cessful Medical Waste Control," AWMA Paper 91-30.2, 84th Annual Meeting, June 1991.

36) Stairmand, C. J., *Dust Collection by Impingment and Diffusion,* Institute of Chemical Engineering, 1950.

37) Strauss, Werner, *Air Pollution Control,* John Wiley & son, Inc., 1971.

38) Taub, S., Fowler, E., "The Role of Fiber Bed Filters in Waste Minimization." CECO Filters, Inc., Conshohocken, PA, Technical Publication 103/90, 1990.

39) Thomas and Lapple, "Deposition of Aerosol Particles," *A. I. Ch. E, Journal,* Volume 7, NO.2, page 203.

40) Thoma, D., "deposition of Aerosol Particles in Fibrous Packaging,: Ph.D. Thesis, Ohio State University, 1953.

41) Walker, R. P. Pump Selection (Ann Arbor, MI: Ann Arbor Science Publishers, Inc.,1972).

42) Wong, J. B., N. F. Johnstone, "Collection of Aerosols by Fiber Mats," *Technical Report,* No. 11, U.S. Atomic Energy Commission, October 31, 1953.

43) Wong, Ranz, and Johnstone, "Inertial Impaction of Aerosol Particles on Cylinders," *Journal of Applied Physics,* Volume 26, No.2, February 1955.

44) Wright, Stasay, and lapple, "High Velocity Air Filter." IWADC Technical Report 55-457, Wrigh Air Development Center, U.S. Air Force, October 1951.

45) Young, R. A. and F. L. Cross. Operation & Maintenance for Air Particulate Control Equipment (Ann Arbor, MI:Ann Arbor Science Publishers Inc., 1980).

찾아보기

하이브리드 스크러버

2014년 1월 20일 초판 인쇄

2014년 1월 25일 인쇄 발행

저　자	고재철·송현옥·신강석
발 행 인	송기수
발 행 처	도서출판 GS인터비전
편 집 처	도서출판 GS인터비전
인 쇄 처	대일 문예사
등록번호	제 313-2011-120 호
I S B N	979-11-5576-011-6(93570)

주　소	서울 마포구 신수동 448-6 한국출판협동조합 B동207호
전　화	02-976-7898, 02-3272-7898. 0707-720-7898
팩　스	02-6468-7898
홈페이지	gsintervision co kr
E-Mail	gsinter7@gmail com

정 가　18,000원